Learning How to Teach Mathematical Modeling
in School and Teacher Education

수학적 모델링,
어떻게 가르칠까?

Learning How to Teach Mathematical Modeling
in School and Teacher Education

수학적 모델링, 어떻게 가르칠까?

학교 수학과 교사 교육을 위한 수학적 모델링 지도의 이론과 실제

리타 보로메오 페리 지음
장혜원 · 김은혜 · 최혜령 · 강윤지 옮김

KM 경문사

* **일러두기**

- 본문에 나오는 학자, 연구자의 이름은 영문으로 표기하였습니다. 외래어 표기법에 따라 표기할 경우 혼동의 소지가 있으며, 참고문헌에서 해당 연구물을 찾아볼 때의 편리함을 돕기 위해 원서대로 표기하였으니 양해 바랍니다.
- 원서에 등장하는 학생이나 교사의 인명은 간략하게 구분할 수 있도록 교사 C, 학생 D, 학생 A1 등으로 표기하였습니다. 단, 문제 상황에 나오는 인명은 실제 인물과 구별하기 위해 외래어 표기법에 따라 표기하였습니다.
- 설명이 필요한 경우 해당 쪽의 하단에 역자 주를 추가하였으며, 가능한 한 간략하고 이해하기 쉽게 설명하려고 노력하였습니다.

역자 머리말

수학은 다루는 개념의 추상성이나 지식 체계의 논리성 등으로 인해 학습하기 어려운 교과로 인식되는 것이 사실이다. 그러한 교과를 반드시 배워야 하는 여러 이유 중 하나는 수학적 개념과 표현이 일상 또는 다른 교과의 현상을 이해하는 데 유용한 도구로 역할을 한다는 점이다. 명왕성의 발견이 과학적 방법론인 관측에만 의존하지 않고 수학적 계산에 따른 예측에 의한 것이었다는 과학사적 사실뿐만 아니라 저금리와 주가 변동에 따른 경제 정책 마련, 전염병 확산의 추이와 시기 예측 등 오늘 저녁 뉴스만 보아도 수학적 모델링을 사용하지 않는다면 나올 수 없는 기사를 다수 접할 수 있다. 사회적 현상이 복잡해지면서 그것을 간단명료하게 표현하고 해석하는 데 수학의 역할은 거의 필수적이라 할 수 있다.

수학적 모델링은 현실과 수학 사이의 양방향 변환을 전제로 한다. 수학 내의 문제가 아닌 수학 외적 문제, 특히 현실에서의 문제를 해결하기 위해 그 문제를 수학으로 변환하고 실질적인 해결은 수학 세계에서 수학적 활동을 통해 이루어진다. 그 결과를 다시 현실 세계로 해석하여 검증하는 일련의 과정을 거치게 된다. 수학이 얼마나 실용적인 학문인가를 보여주는 결정적 활동이다.

따라서 수학적 모델링이 학교 수학에서 다루어져야 한다고 인식한 많은 나라에서 교육과정에 수학적 모델링을 포함하였고 관련 연구 프로젝트도 다수 실시해왔다. 우리나라에서도 2015 개정 수학과 교육과정에 수학 교과 역량 중 제1 역량인 문제 해결의 하위 역량으로 수학적 모델링이 포함되어 있고, 교과서 및 수업 장면에서 실천하고자 하는 수학교육계의 노력이 있는 것으로 안다. 그러나 수학적 모델링 지도의 중요성 및 필요에 대한 인식에 비해 실제로 그것을 어떻게 가르쳐야 하는지와 관련한 방법적 지식에 대한 논의는 아직 부족한 것 같다.

이 책은 수학적 모델링을 어떻게 지도해야 하는지에 대한 전반적인 논의를 담고 있다. 예비 교사와 현직 교사를 대상으로 다수의 강의와 연수를 실시한 저자가 실증적 자료 및 결과에 기초하여 수학적 모델링에 대한 이론적 고찰 이상의 실제를 담고 있는 책이다. 특히 수학적 모델링을 가르치기 위해 교사가 갖추어야 할 역량을 이론, 과제, 교수, 진단의 네 가지 측면으로 구별하여 구체적인 과제나 시나리오 등의 실증적 자료와 함께 제시하고 있으므로 수학적 모델링 지도를 위한 교사 전문성 신장에 매우 도움이 될 것으로 기대된다. 역자 역시 현직 교사를 위한 수업에서 이 책을 교재로 사용하였고, 그에 기초한 연구로 이어갈 수 있었다. 이후 이 책이 교실 수업에서 수학적 모델링을 다루고 싶은 현직 교사와 대학이나 연수원에서 예비 교사 및 현직 교사를 대상으로 수학적 모델링을 지도하고자 하는 교사 교육자들에게 효과적인 참고자료가 될 것으로 생각하여 번역서를 출간하게 되었다.

책을 번역하면서 저자의 의도를 충실히 따랐으나, 몇몇 부분은 역자의 해석이 필요하여 그러한 부분에 대해서는 역자 주를 남겼다. 독일인 저자의 영문 집필이다 보니 동일 의미의 영어 표현에 대해 독어의 흔적이 남아 있거나 의미상 부적절한 접두어가 사용된 부분 등이 있어 이를 책의 의도와 문맥에 맞게 해석하여 수정한 것도 있다. 한편 연구 대상의 수 등에 있어서는 합이 일치하지 않는 오류 등이 발견되나 역자가 파악할 수 없는 데이터이기 때문에 그대로 둔 점도 양해 바란다.

책의 편집과 출간을 맡아주신 경문사의 여러분께 감사한다.

2020년 여름

역자 일동

머리말

수학적 모델링은 실세계와 수학 사이의 양방향 변환을 의미한다. 이는 적합한 수학적 모델을 선택하거나 구성함으로써 실세계 문제를 수학화하는 것(실세계로부터 수학으로 변환)뿐만 아니라 대응하는 수학 문제를 해결한 결과를 실세계에서 해석하고 타당화하는 것(수학으로부터 실세계로 변환)을 수반한다. 수학적 모델링은 모든 연령층의 학생이 지녀야 하는 중요한 역량이다. 모델링이 왜 그렇게 중요한지에 대한 이유 중 하나는, 모델링이 수학(종종 테크놀로지에 숨겨있기도 함)으로 가득한 우리 주변 세계를 더 잘 이해하는 방법이 될 수 있다는 점이다. 더욱이 수학과 실세계의 연계는 수학적 내용에 대한 학생들의 이해를 돕고 학생들이 수학에 참여하도록 동기화한다. 그뿐만 아니라, 현실과 수학의 연계는 적합한 수학관을 위해 필수불가결한 요소이다. 따라서 모든 학교급의 수학 교사는 모델링을 효과적인 방법으로 가르칠 준비가 되어있어야 한다.

연구자나 교사를 위한 저널과 학회 프로시딩에 모델링 교수·학습에 대한 문헌이 다수 있고, 21세기의 초기 10년간 모델링 상황을 보여주는 "수학교육에서 모델링과 적용"에 대한 ICMI 연구 자료가 있다. 그러나 모델링 지도를 위해 이론 기반, 증거 기반 아이디어를 찾는 교사가 사용할만한, 동시에 수학적 모델링에 대한 양질의 교수를 위해 예비 교사 또는 교사 교육 코스에서 교사를 준비시킬 목적으로 교사 교육자가 사용할만한 수학적 모델링에 관한 책은 없다.

이 간격을 메우고 수학적 모델링에 대한 이론 기반, 증거 기반 지도를 위한 제안과 아이디어를 제공하는 것이 이 책을 쓴 Rita Borromeo Ferri의 의도이다. 결과적으로, 이 책의 독자는 모든 학교급의 현직 수학 교사와 예비 교사, 그리고 교사 교육자이다. 출발점은 교사가 모델링을 적절한 방식으로 가르칠 수 있기 위해 갖추어야 할 전문 역량이다. 독자가 사용할 교사 역량 모델은 이론 차원, 과제 차원, 교수 차원, 진단 차원의 4"차원"으로 구성된다. 물론 4개의 차원은 독립적인 것이 아니라 상호작용한다.

이 교사 역량 모델이 이 책의 구조를 이룬다. 1장의 도입에 이어 2, 3, 4, 5장은 이 4개의 차원을 상세히 다룬다. 각 장에서 각 주제의 관련 측면에 대한 구체적인 예(과제와 문제, 학생 해법, 교수 시나리오, 독자를 위한 연습)가 연구 결과와 경험에 기초하여 제공된다. 이는 독자에게 교수를 위한 가장 중요한 도구를 제공함과 동시에 학생의 학습뿐만 아니라 교사의 학습 또한 안내된 활동과 독립적 활동이 균형을 맞춰 발생해야 하므로 교사를 적극적으로 참여시키기 위함이다.

6장에서는 대부분의 나라에서 정규 학교 교육과정으로 다루지 않을 활동인 모델링의 날, 모델링 주간, 모델링 프로젝트를 다룬다. 그러한 활동에서는 한두 개의 학교 수업으로는 충분하지 않은, 복잡한 진짜 모델링 과제와 문제를 고려하게 된다. 따라서 6장은 교사가 알아야 하는 모델링 사례의 스펙트럼을 매우 확장해준다.

모델링을 지도해야 할 정당한 이유가 있고 교육과정에 모델링을 명시적으로 포함하는 많은 나라가 있지만, 여전히 공식적인 규정과 교육적 논쟁, 또는 공식적인 규정과 교수 관행 사이에 상당한 차이가 있다. 우리는 이 책이 그 차이를 좁히고 전 세계의 모든 교실에서 수학적 모델링을 실행하는 데 기여하기를 바란다.

Werner Blum(카셀대학교, 독일)
Henry Pollak(컬럼비아대학교, 미국)

서문: 책의 목적

수학적 모델링의 교수 · 학습은 여러 나라의 학교 교육과정과 교육 규준에서 핵심 역량이 되어왔다. 누군가 새로운 것을 대면할 때 이 "새로운 아이디어"에 대해 별로 아는 바가 없다면, 아마도 이 변혁에 대해 회의적이거나 무시하는 일이 빈번히 발생할 것이다. 이것이 2003년 이래로 독일(Blum et al., 2006)과 2012년 칠레의 수학교육 규준에서 발생했다. 미국에서는 국가 공통 핵심 규준(Common Core State Standards)이 공표되었고, 이는 유치원에서 고등학교에 이르기까지, 이후 대학이나 평생 교육에 도움이 되는 학습자의 성취 목표 및 능력과 관련하여 NCTM 규준보다 더 강력한 지침이 되고 있다.

이 국가 공통 핵심 규준에 수학적 모델링은 다음과 같이 명료하게 제시되어 있다. "학생들은 일상생활, 사회, 직장에서 발생하는 문제를 해결하기 위해 알고 있는 수학을 적용할 수 있다"(NGA Center & CCSSO, 2010, pp. 6–8). 이는 구체적으로 (학생의 연령을 고려한) 수학의 도움을 받아 수학 외적 맥락과 실생활 상황을 해결해야 함을 의미한다. 진정한 수학적 모델링 활동은 현실과 수학 사이를 왕래하는 과정을 포함한다.

미국뿐만 아니라 전 세계 각국의 교사들은 수학적 모델링을 지도해야 하는 도전에 당면해있다. 여러 나라에서 수학적 모델링의 교수 · 학습에 대한 워크숍을 통해 나는 교육의 이 새로운 영역과 관련하여 교사들에게서 많은 질문을 받은 바 있다. 이 경험에 따르면 여러분에게는 모델링 지도를 위한 동기유발뿐만 아니라 지식과 역량이 필요하다.

이 책의 주요 목적은 연구자, 교사 교육자, 모든 학교급의 교사에게 몇 가지 사례와 교수 개념에 근거하여 수학적 모델링을 가르칠 수 있고 배울 수 있다는 사실을 보이는 것이다. 수학적 모델링 활동은 중학생, 고등학생, 대학생의 수학에 대한 인식을 변화시킬 것이다. 이전의 교사로서, 대학교수로서의 경험에 기초하여, 나는 수학적 모델링이 여러분 자신의 수학적 사고 및 이해 방식 또한 변화시킬 것임을 알고 있다. 그래서 이 책의 더 심오한 목적은 다음과 같다.

- 수학적 모델링에 대한 이론적 배경을 제공
- 이론적 개념이나 실증 연구 결과와 교사가 학교에서 실제로 행하는 것 사이를 연계함
- 공통 핵심 규준과 교수 요목에서 모델링이 의미하는 바를 분석하고 투명하게 함
- 모델링을 어떻게 지도할 수 있고, 효과적인 지도를 위해 잘 정의된 기준을 정하는 것이 왜 필요한지에 대한 사례를 제공함
- 수학적 모델링의 교수·학습을 위한 기본 역량을 통합적인 연습을 통해 훈련하고 강화함으로써 여러분이 동료 교사를 준비시킬 수 있도록 함

교수와 학습은 밀접하지만, 이 책은 특히 여러분의 학생에게 수학적 모델링을 어떻게 가르치는가에 초점이 있다. 이 책의 구조는 네 개의 차원(이론, 과제, 교수, 진단)을 지닌 모델링 역량 지도 모델을 따른다(Borromeo Ferri & Blum, 2009).

1장은 수학적 모델링에서 교사 교육 관련 연구에 대한 짧은 개관으로 시작하여 현직 교사와 예비 교사 교육을 위해 검증된 코스 개념의 사례를 제공한다. 그 목적은 교육자가 수학적 모델링 지도 방법에 대해 어떻게 배울 수 있는지를 보이는 것이다. 나아가 모델링 지도에 필요한 네 가지 역량을 간단하게 설명한다.

2장은 학교나 교사 교육에서 여러분의 교수 실제에 필요한 이론적 기초를 마련한다. 예를 들어 수학적 모델링의 목표 및 다목적 학습 도구로서 모델링 사이클의 사용 방법을 이해하는 것을 의미한다.

적절한 모델링 문제는 현실에 기초한 수업을 위한 핵심 도구이며, 모델링 과제를 위한 기준을 이해하는 것이 중요하다. '과제' 역량이 강조되는 것이 3장이다. 모델링 문제에 대한 다중 해법을 다루는 여러 측면이 논의된다. 평가용 모델링 문제에 대한 인지적

분석의 중요성을 뒷받침하기 위해, 여러분은 소규모 프로젝트로 시작하여 다음 날 수업에 사용할 모델링 문제를 개발할 것이다.

4장은 수학적 모델링 수업의 계획과 실행 개념을 제시하는 것으로 시작한다. 처음에는 모델링 활동이 복잡할 수 있지만, 활동 내내 모든 학년의 학생들이 동기를 잃지 않고 자신의 모델링 문제에 계속 집중하는 것이 중요하다. 특히 교사가 모델링 활동으로 시작할 때는 더욱 그러하다. 이는 교사가 어떻게 학생들에게 개입하여 도와주고 피드백을 제공하는지를 이해해야 함을 의미한다. 여러분이 학교에서 이를 어떻게 할 수 있을지 설명하기 위해 이러한 측면과 관련한 이론적 배경 및 실제 사례를 제공할 것이다.

5장을 읽는 동안 여러분은 이 책에서 앞서 다루었던 주제가 중요하고 의미 있음을 깨닫게 될 것이다. 수학적 모델링에서 진단과 평가를 위한 기초는, 모델링 사이클이나 모델링 문제 개발에 대한 여러분의 지식과 경험이며 모델링 과정/사이클의 단계를 구별할 수 있는 방법이다.

마지막으로 6장에서는 일회성의 짧은 수학 수업을 넘어 복잡한 실생활 문제를 다루는 사흘간의 수학적 모델링으로 심화할 것이다. 사흘간의 목적과 구조를 제시하고, 이 활동이 수학적 모델링에 대한 교사 교육과 효과적으로 연계 가능한 방법도 제공할 것이다. 이 책은 7장의 반성과 전망으로 끝맺는다.

모든 장에는 각 주제에 대한 여러분의 이해와 지식을 반성하고 적용하는 것을 돕기 위한 연습이 포함된다. 또한, 제공된 사례와 방법을 여러분 자신의 수업에서 직접 시행하기 위한 아이디어가 포함되어 있다.

수학 규준과 교육과정의 새롭고 중요한 부분뿐만 아니라 수학교육 전반에 관심을 불러일으키고 교사와 학생들에게 수학에 대한 새로운 관점을 제공하고자 한다.

> 새로운 답을 구하고자 하는 사람은 새로운 질문을 해야 한다.
>
> -Johann Wolfgang von Goethe

Rita Borromeo Ferri(카셀대학교, 독일)

차례

역자 머리말 · v

머리말 · vii

서문: 책의 목적 · ix

1장 수학적 모델링 지도를 위한 핵심 역량

1.1 수학적 모델링에 대한 교사 교육 연구: 간략한 배경 ······ 2

1.2 교육자를 교육하기 위한 수학적 모델링 코스: 평가된 모듈 ······ 5

1.2.1 안내 원리와 "교수학적 이중 구조" ······ 6

1.2.2 교사 교육을 위한 모델링 코스의 구조: 이론-실제-균형 ······ 6

1.2.3 수학적 모델링과 협력 학습 ······ 8

2장 이론 역량: 실행을 위해

2.1 수학적 모델링은 무엇을 의미하는가?: 목적과 목표 ······ 20

2.1.1 실제 상황 ······ 22

2.1.2 상황에 대한 정신적 표상 ······ 22

2.1.3 실제 모델 ······ 23

2.1.4 수학 외적 지식 ······ 23

2.1.5 수학적 모델 ······ 24

2.1.6 수학적 결과 ······ 24

2.1.7 실제 결과 ······ 24

2.1.8 일상적인 지도에서 수학적 모델링을 포함하기 위한 목적과 정당성 ······ 25

2.1.9 수학적 모델링에 대한 국제적 관점 ······ 26

2.2 모델링 사이클: 다면적인 학습 도구 ······ 30

2.2.1 응용 수학으로부터의 모델링 사이클 ······ 30

2.2.2 교수학적/교육학적 모델링 사이클 ··· 32
2.2.3 심리학적 모델링 사이클 ··· 33
2.2.4 진단 모델링 사이클/인지적 관점으로부터의 모델링 사이클 ··· 34
2.2.5 수학 규준에 제시된 모델링 사이클: 미국의 수학과 국가 공통 핵심 규준 사례 ·· 35
2.2.6 다목적 (그리고 메타인지적) 학습 도구로서의 수학적 모델링 사이클 ··· 38
2.3 비선형성: 개별 모델링 경로 ··· 42
2.3.1 가시적인 모델링 경로와 수학 외적 경험의 영향 ··· 42
2.3.2 학습자와 교사의 수학적 사고 양식과 모델링 경로 ··· 47
2.3.3 수업에서 모델링 활동 중 교사의 행동 ··· 50
2.3.4 교사 P: 반성적 형식자 ··· 51
2.3.5 교사 R: 실제적 검증자 ··· 52

3장 과제 역량: 지도의 유연성을 위해

3.1 (좋은) 모델링 문제의 기준 ··· 58
3.1.1 모델링 문제의 특징 ··· 58
3.1.2 모델링 문제의 기준 ··· 62
3.1.3 모델링 문제의 개발: 브레인스토밍에서 학교에서 학생들을 위한 도전까지 ·· 64
3.1.4 변화를 위한 준비: 문제로부터 모델링 문제로 ··· 74
3.1.5 모델링 문제의 잠재성: 모두를 위한 하나, 하나를 위한 모두 ··· 77
3.2 수학적 모델링 역량: 신장 및 유도 ··· 85
3.2.1 모델링 역량의 신장 및 유도 ··· 88
3.3 과제의 실제 맥락의 개인의 모델링 과정에 대한 영향 ··· 93

4장 교수 역량: 효과적인 양질의 수업을 위해

4.1 좋은 수업에 대한 질적 기준 ··· 100
4.1.1 효과적인 학습자 중심 수업 관리 ··· 101
4.1.2 학습자의 인지 활성화 ··· 102
4.1.3 학습자의 메타인지 활성화 ··· 102
4.1.4 다양한 해법 격려하기 ··· 102
4.1.5 장기 학습 과정으로서의 수학적 모델링 ··· 103

4.2 수학적 모델링 수업의 계획과 실행 ··· 104
4.2.1 제1부: 수학적 모델링 수업의 계획과 실행을 위한 8개의 원칙 ··· 104
4.2.2 제2부: 모델링 문제 "이사"를 위한 수업 계획 ··· 107
4.3 모델링 활동 중 개입 ··· 112
4.4 학생들이 모델링 문제에 익숙해지는 방법과 테크놀로지의 역할 ··· 121
4.4.1 첫째 측면: 학생들에게 모델링 문제 도입 ··· 121
4.4.2 둘째 측면: 테크놀로지의 역할 ··· 130

5장 진단 역량: 평가와 채점의 기초
5.1 발달과 어려움의 인식부터 적절한 피드백과 개입까지 ··· 135
5.1.1 진단의 정의와 이론적 배경 ··· 135
5.1.2 해결 과정 중 모델링 역량을 진단하는 도구로서의 진단지 ··· 136
5.1.3 모델링 문제의 지필 해법을 위한 피드백 작성 ··· 142
5.2 시험을 이용한 모델링 평가 ··· 144

6장 수학적 모델링의 날과 프로젝트: 심화 활동
6.1 수학적 모델링의 날 계획 방법 ··· 154
6.1.1 '모델링의 날'의 구조 ··· 155
6.1.2 버스 노선에서 버스 정류장의 간격은 어느 정도가 최적인가? ··· 157
6.1.3 학생들의 해법 ··· 162
6.2 대학과 학교의 연계 ··· 163
6.2.1 학생들의 모델링 활동 후 예비 교사의 반성 ··· 164

7장 반성과 전망 ··· 171

부록 ··· 177
수학적 사고 양식 검사지 ··· 178
참고문헌 ··· 179
찾아보기 ··· 192

1장

수학적 모델링 지도를 위한 핵심 역량

1.1 수학적 모델링에 대한 교사 교육 연구: 간략한 배경

지난 10 ~ 15년 동안, 수학적 모델링의 교수 · 학습 과정을 조사하기 위해 수많은 실증적 연구가 중 · 고등학교와 대학교에서 우선하여 수행되었을 뿐만 아니라 초등학교로도 일부 확대되었다. 학습과 교수는 서로 밀접하게 연결되어 있어서 상호 연계된 과정에 대한 전체적인 그림을 얻기 위해 종종 함께 연구되어왔다. 수학적 모델링에 관한 연구를 살펴보면, 교사의 관점에서 사실상 다음의 두 가지 그룹으로 구분할 수 있다.

- **그룹** 1) 교실 또는 실험실 환경에서 수학적 모델링의 효과적이고 적절한 교수에 대한 문제의 답을 얻는 것에 중점을 둔 연구
- **그룹** 2) 대학의 교사 교육과 교사 연수에서 수학적 모델링을 개발하고, 활용하고, 평가하는 방법에 대한 문제의 답을 얻는 것에 중점을 둔 연구

일부 사례에서, 두 그룹 모두로 분류될 수 있는 연구도 있다. 연구의 수로 보면 그룹 1이 그룹 2보다 훨씬 더 많다. Borromeo Ferri & Blum(2009a)이 모델을 개발하기까지는 명확히 정의된 교수 역량이 존재하지 않았다는 것을 보이기 위해 그룹 1의 몇 가지 주요한 연구와 그 결과를 여기서 요약하고자 한다.

먼저, 미국의 연구자 Richard Lesh(Lesh & Doerr, 2003)가 했던 방대한 연구 활동이 언급되어야 한다. 미국에서 Lesh의 "MEA 그룹"은 모델링에 대한 논쟁의 중요한 결과로 모델 유도 활동(Modeling-Eliciting-Activity: MEA) 접근을 제시할 수 있었다. Lesh에 따르면, 모델 유도 활동은 유치원에서부터 시작해야만 하며 이를 통해 학습자는 공학 또는 경제학 같은 다양한 전문 분야의 전형적인 문제를 경험할 수 있다. 이는 학생들에게 수학이 실생활에서 어떻게 활용되는지를 이해하게 한다. 그뿐만 아니라, Lesh는 학습자의 관점에서 모델링 활동을 하는 동안 교사가 하는 중요한 역할을 항상 생각하였다. 예를 들어, 그의 연구는 교사의 모델 유도 활동이나 실생활 맥락에 대한 교사의 이해와 해석, 끝으로 반성에 초점을 맞추었다. 이는 학습자에게도 영향을 미친

다(Schorr & Lesh, 2003).

모델링을 하는 동안 교사가 어떤 종류의 개입을 해야 하는지는 중요한 연구 문제로 제시되어 왔다. 독일 DISUM[1] 프로젝트의 결과에 따르면, 일상적인 교실에서 전략적 개입은 거의 없으며, 대부분의 개입은 적합하지 않은 것으로 나타났다. 모델링에서는 교사의 개입이나 피드백에 앞서 학습자가 겪는 문제에 대한 진단이 가장 먼저 이루어져야 한다. 그러나 그 진단은 교사가 학생들에게 제시했던 모델링 과제에 관한 충분한 내용 지식과 교수학적 지식을 지니는 동시에 모델링에 매우 집중했을 때만 가능하다. DISUM 프로젝트를 참조한 CoCA 프로젝트[2]의 결과는 첫째, 교사 대부분이 학습자의 요구를 진단하지 못하고 피드백을 준다는 것, 둘째, 진단과 피드백에 관한 이론적 배경에 대해 교육받은 교사는 학습자에게 더 나은 피드백을 줄 수 있다는 것을 명확하게 보여주었다(Leiβ, 2007; Blum, 2011).

몇몇 연구에서는 대학에서 교사 연수생들이 복잡한 모델링 과제를 통해 모델링에 더 익숙해질 수 있다는 사실도 밝혀냈다. 그 대부분은 교사 연수생들의 반성까지를 포함하는 모델링 과정에 대한 최고의 수행 보고서이다(Blomhøj & Kjeldsen, 2007; Schwarz & Kaiser, 2007; Maaβ & Gurlitt, 2011). 이런 연구의 결과는 단순히 모델링 문제를 다루는 것만으로도 대학생과 현직 교사들의 수학에 대한 관점이 변하였고, 나아가 모델링 역량이 신장했음을 보여주었다. 일반적으로 모델링을 가르치는 초·중등교사들에게 기본적인 세 가지 문제는 "자료", "시간", "평가 문항"이다. 하지만 "시간"은 수학적 모델링에 숙달된 교사들에게는 경험이 없는 교사들에 비해 그리 큰 문제가 아니었다(Schmidt, 2009; Borromeo Ferri, 2014).

한편, 다양한 학년에서 모델링 교수·학습을 위한 대학 코스 및 교사 연수 워크숍 개발은 또 다른 흥미롭고 중요한 측면이었고, 여전히 그러하다. 이것은 Lesh 연구진의 몇몇 설계 기반 연구의 핵심이었으며, 또한 독일 카셀 대학의 "모델링 그룹"의 연구 분야이기도 하다. Lesh의 다중 계층 전문성 개발(multi-tier professional development)의 접근법은 교사가 모델링하는 학생들의 사고방식을 이해하도록 학습하는 것이다. 다중

1) 역자 주: Didaktische Interventionsformen für einen Selbständigkeitsorientierten aufgabengesteuerten Unterricht in Mathematik, 자기주도적이고 과제를 활용한 수학 교수를 위한 교수학적 개입 방법
2) 역자 주: COmplexity and CApacity analysis, 복잡성과 능력에 대한 분석

계층 전문성 개발은 교사의 관심을 학생들의 모델링 활동에 집중하도록 고안되었다(Lesh & Doerr, 2003). 나도 코스를 고안할 때 유사한 접근법을 사용하는데, 교사 연수생에게 코스에 대해 가능한 한 구체적으로 안내하기 위해 학생들의 모델링 과정에 대한 비디오나 학생이 작성한 해법을 항상 포함한다. 설문지, 인터뷰, 학기 내내 쓴 학습 일지를 활용한 코스와 워크숍에 대한 평가도 마찬가지로 중요하다. 대학 코스에 참여한 예비 교사 및 연수에 참여한 교사 스스로 학습 과정을 반성하고 모델링 교수의 의미에 대한 이해를 향상시키는 것은 다음 수업에서의 모델링 활동에 도움이 될 수 있다.

> 수학 교사 연수생이 학교에서 모델링 경험을 포함하여 이론적 수준과 실제적 수준에서 수학적 모델링을 다루는 광범위한 기회를 가질 필요가 있다는 것을 다시 한번 강조하고 싶다(Borromeo Ferri & Blum, 2010, p.2047).

수학적 모델링과 관련된 교사 교육의 전 영역에서 심화된 연구가 필요하다. 예를 들어, 현직 교사들이 대학에서 배운 모델링 지도법에 대한 지식이 그들이 지도하는 학생들의 모델링 역량에 어떻게 영향 미치는지 조사하는 장기 연구가 필요하다. 이것은 모델링을 지도하기 위한 최소한의 기초역량도 연수받을 기회가 없던 교사들과 비교될 수 있을 것이다.

중학교 수학 교사들의 교수학적 내용 지식(Pedagogical Content Knowledge: PCK)과 내용 지식(Content Knowledge: CK)을 조사한 두 개의 대규모 연구 결과를 간략히 살펴보면, 일반적인 수학 지도에 대해 흥미로운 측면을 제시하는데 특히 수학적 모델링의 교수·학습에 함의하는 바가 있다.

'수학 수업에서 인지 활성화와 교사의 전문 역량 프로젝트(Cognitive Activation in the Mathematical Classroom and Professional Competence of Teachers: COACTIV)'는 2003~2004년에 독일에서 이루어진 PISA[3] 연구에서 중등교사와 학생들을 각각 표본으로 사용하였다. 주요 결과는 교사의 교수학적 내용 지식이 학생들의 성취 결과에 대한 뚜렷한 예측자였다는 것이다(Kunter & Baumert, 2011). 예를 들어, 교사들이 수업에서 다양한 해

---

3) 역자 주: Program for International Student Assessment

그림 1.1 교수 역량에서 학생 학습까지

법이 있는 인지 활성화 수학 과제를 더 많이 제공할수록 학생들의 수학 수행능력은 더 좋아질 것이다. 수학 과제에 대한 지식은 교수학적 내용 지식의 중요한 부분이다. TEDS 연구(Teacher Education Development Study)(예: Blömeke et al., 2016)도 유사하게 교사가 가장 중요하다는 의심할 여지 없는 결과를 내놓았다. 일반적인 교사 역량의 결과 또는 효과가 **그림 1.1**에 제시된다. 교수의 질은 또한 학생의 학습에 대한 주요 요인이다. 교수에 대한 명확한 기준이 중요한 이유는 3.1절에서 논의된다.

강력한 수학적 배경 지식(내용 지식)뿐만 아니라 교수학적 내용 지식이 모델링을 가르치고 적용하기 위해 필요하다.

1.2 교육자를 교육하기 위한 수학적 모델링 코스: 평가된 모듈

앞 절에서 지난 몇 년간의 많은 실증적 연구가 학교에서 모델링을 가르치는 방법에 대한 문제나 대학에서 예비 교사들이 복잡한 모델링 과제를 통해 모델링에 익숙해지는 방법에 대한 문제를 다루었다는 것이 명확해졌다. 그 연구 결과는 모델링에 대한 새로운 사고방식과 모델링을 학교 교육에 효과적으로 통합할 수 있는 길을 열어주었다. 그러나 이러한 측면들이 교사 교육 및 연수에 어떻게 통합될 수 있는지에 대한 문제에는 여전히 답을 주지 못하였다. 이는 앞에서 언급했듯이 모델링을 효과적으로 가르치기 위해 교사가 갖추어야 할 역량에 대한 명확한 기준이 없기 때문이다. 다음 장에서는 내가 개발한 수학적 모델링 지도법을 교사들에게 교육하기 위한 코스 계획안을 제공할 것이다. 이 코스는 지난 8년간 대학 및 교사 연수에 참여한 현직 교사의 다양한 요구에 부응하여 평가되고 수정되었다. 이 코스를 독일, 미국 및 세계 여러 나라에서 강의하였다. 내가 처음 그 코스를 구상했을 때, 문제는 다음과 같았다. “대학 코스가 미래의 교사에게 학교에서 모델링을 가르칠 수 있도록 어떻게 준비시킬 수 있으며, 어떤 내용과 방법이 적절한가?"

1.2.1 안내 원리와 "교수학적 이중 구조"

이 코스에서 최우선의 교수학적 접근법 또는 안내 원리는 다음과 같이 제시되어 왔다. **만일 대학생과 현직 교사에게 (내용, 방법, 학생들의 인지 활성화, 학습에 대한 반성, 총괄평가에 맞춰) 적절한 방식으로 모델링을 가르치기 원한다면 강의자로서 우리는 (내용, 방법, 인지 활성화, 반성, 총괄평가에 맞춘) 정확히 동일한 방법으로 우리 자신의 교수를 고안해야 한다.**

세미나, 코스 또는 워크숍을 계획하는 이 방법은 참여자들에게 내용에 대해 배우는 동시에 자신들의 수업에서 사용할 수 있는 교수법을 경험할 기회를 제공한다. 고등 교육에서 "**교수학적 이중 구조**(Pedagogical Double-Decker)"(Geissler, 1985)라고 불리는 이 코스 계획 양식을 찾을 수 있다. 그러나 여러분이 수학적 모델링의 교수 · 학습에 대한 코스를 위해 들이는 시간과 관계없이 내가 **이론-실제-균형**(Theory-Practice- Balance)이라고 부르는 것을 항상 기억해야 한다.

1.2.2 교사 교육을 위한 모델링 코스의 구조: 이론-실제-균형

예를 들어, 대학 코스에서는 32시간, 교사 연수 워크숍에서는 적어도 2일을 확보한다는 것을 전제로 전체적인 코스의 구조가 동일해야 한다. 실례로, 여러분에게 시기에 대한 아이디어를 제공하기 위해 대학 코스를 다음과 같이 요약할 수 있다. 세미나는 한 학기 내내 일주일에 한 번씩 90분으로 진행되며, 이는 14차시(21시간)를 의미한다. 교사 연수와 동일한 대학 세미나의 방식에 따라 참여자는 모든 활동에 적극적으로 참여하고 그들 스스로 발표를 통해 코스의 주요 내용을 파악하는 것이 기대된다. 물론 교사 교육의 중요한 부분인 수학적 모델링은 광범위하며 많은 중요한 문제를 포함하고 있어서 매우 다양한 방식으로 구조화될 수 있다. 그러나 새로운 방식으로 모델링 세미나를 계획하고 구조화하고자 할 때, 그 내용과 방법이 서로 부합해야 한다는 사실이 고려되어야 한다. 이것 또한 강의자에게는 일종의 도전이 된다. 내용 측면에서, 모델링 지도 시 나는 다음과 같은 교수 역량을 특히 중요한 것으로 간주한다.

- **이론적 역량**: 모델링 사이클에 대한 지식, 모델링의 목적과 관점에 대한 지식, 모델링 과제 유형에 대한 지식
- **과제 관련 역량**: 모델링 과제를 해결, 분석 및 생성하는 능력
- **교수 역량**: 모델링 수업을 계획하고 실행하는 능력 및 학생들의 모델링 과정 동안 적절한 개입에 대한 지식
- **진단 역량**: 학생의 모델링 과정 동안 단계를 파악하고, 그러한 과정에서 학생들의 어려움을 진단할 수 있는 능력

초기에는 이 네 가지 교수 역량이 코스의 구조를 위한 기반이 되어왔고, 몇 차례 평가를 거쳐 **그림 1.2**의 모델로 정립되었다.

이 코스는 이론적인 단계와 실제적인 단계 사이에 적절한 균형을 유지하기 위해 다

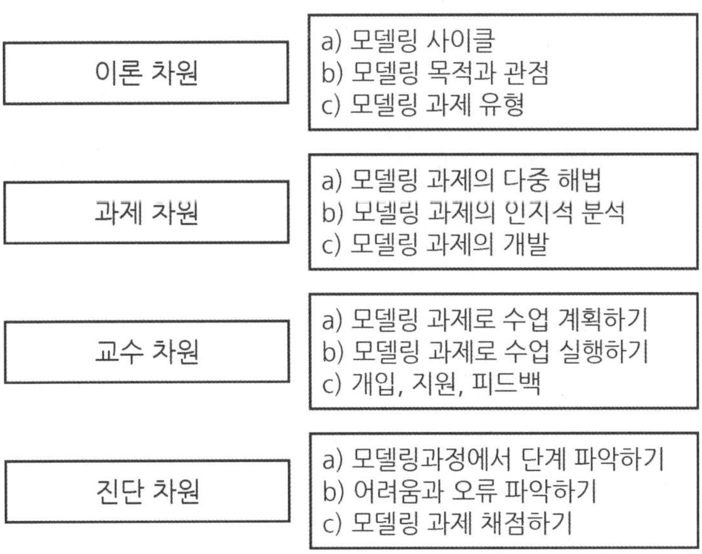

그림 1.2 수학적 모델링 교수 시 필요한 역량 모델
(Borromeo Ferri & Blum, 2009; Borromeo Ferri, 2014)

음과 같은 다섯 개의 부분으로 세분화된다. 위의 차원들은 각기 다른 부분에 포함되어 있다.

- 1부(이론): 모델링에 대한 이론적 배경(3차시)
- 2부(실제): 모델링 문제해결 및 개발(3차시)
- 3부(이론 및 실제): (1) 예비 교사들의 모델링 문제에 대한 학생 활동 및 동영상 전사자료 분석 (2) 모델링[4]에 필요한 역량 (3) 모델링 중 교사 개입의 유형 (4) 학교에서 모델링 교수법(4차시)
- 4부(발표): 예비 교사들이 모둠별로 개발한 모델링 과제 발표 및 학교 현장에서 학생들의 과제 해결 방법 논의(3차시)
- 5부: 마지막 수업 – 전 학기 또는 전체 워크숍에 걸친 활동에 대한 반성과 평가(1차시)

1.2.3 수학적 모델링과 협력 학습

이 코스의 중요한 목표 중 하나는 참여자가 모델링 과제를 해결하거나 개발할 뿐만 아니라(2부) 모델링 교수법을 배우는 것이다(4부). 교육자로서 나에게는, 어떤 방법이 유용할지를 그저 언급만 하는 것이 아니라 그 방법을 세미나의 활동으로 직접 통합하는 것이 중요하다. 따라서 나는 "교수학적 이중 구조"의 양식에서 전체 코스 내내 "협력 학습(Cooperative Learning)" 교수 전략(예: Johnson & Johnson, 1999; Kagan, 1990)을 사용한다. 또한 내가 학교에서 모든 학년을 대상으로 모델링을 가르쳤을 때 이 전략이 효과적이라는 것을 깨달았기 때문이다. 수학적 모델링 내용은 협력 학습을 교수 전략으로 사용하는 데 매우 적합하다. Johnson & Johnson(1999)에 따르면 협력 학습 기술은 학생들의 학습 및 학업 성취도, 학습 지속력, 학습 경험에 대한 학생 만족도, 구두 의사소통 능력, 사회적 기술, 자존감을 향상시킨다. 모델링에 관한 여러 연구에 따르면 모델링은 모둠 활동으로 더 잘 수행되는데(Ikeda et al., 2007), 이는 학생들이 수학 및 수학 외 측면에 대해 논의하도록 독려하고, 논리적 논쟁에 참여하도록 훈련시키며, 모

4) 이 부분의 마지막에는 설문지에 기초하여 그 시점까지의 코스에 대한 중간 평가가 있다.

둠 활동으로부터 시너지 효과를 얻을 수 있는 기회를 제공하기 때문이다. 따라서 코스의 첫 수업이나 워크숍 동안 참여자들은 전체 학기나 워크숍 시간 동안 함께 활동할 4~5인의 소위 "기본 모둠(basis-group)"을 만들어야 한다. 그러나 모둠 활동이 경쟁적이고 개인적 노력보다 더 생산적이려면 특정 조건이 충족되어야만 한다. 그 조건으로 긍정적인 상호 의존(Positive Interdependence), 대면 상호 작용(Face-to-Face-Interaction), 개인과 모둠의 책무성(Individual & Group Accountability), 대인 및 소모둠 기술과 모둠 처리(Interpersonal & Small-Group Skill and Group-Processing)를 들 수 있다(Kagan, 1990).

나는 코스 내의 모든 모둠 활동이 이러한 조건을 충족하도록 주의를 기울였다. 이러한 활동은 최종적으로 세미나의 내용 측면과 결합된다.

1부에서는 특히 수학교육에서 수학적 모델링의 의미가 무엇인지 명확히 하는 것이 중요하다(자세한 내용은 2.1절 참조). 참여자들의 지식 수준이 대부분 다르기 때문에 모두의 참여를 독려하고자 나는 종종 "플레이스 매트(placemat)"라는 방법을 사용한다. 이 방법은 이해하고 지도하기 쉽다. "플레이스 매트"를 위해 참여자들은 4명씩 한 모둠을 만든다. 그다음 **한** 장의 종이를 다섯 개의 영역으로 나누어야 하는데 그중 한 영역은 종이 한가운데 있도록 그린다(**그림 1.3**).

모둠원들은 이 종이를 둘러싸고 앉는다. "수학적 모델이 무엇을 의미하는지"를 생각하여, 각자의 생각을 자신의 영역에 쓴다. 다음으로, 모둠은 다양한 결과에 대해 논의하여 수학적 모델링에 대한 합의를 찾아 종이의 한가운데에 쓴다. 이 활동을 할 때 시간이 얼마나 허용되는지 모둠에게 알려주어야 한다. 내 경험상 수학적 모델링에 대한 합의에 도달하는 것은 10분이면 충분하며, 이는 대부분의 모둠이 이 시간 내에 합의에 이르렀

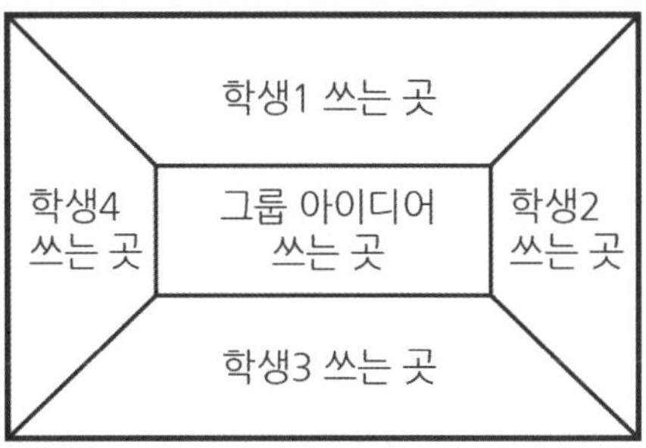

그림 1.3 문제 "수학적 모델링이 무엇인가?"에 대한 플레이스 매트 방법

음을 의미한다. 그 아이디어는 나중에 학급 전체와 공유되어야 한다. 만약 모든 모둠이 효과적으로 활동하게 하려면 시간 종료 후 한 모둠을 선택할 것이라고도 언급해 주어야 한다. 시간을 잘 운영하는 것이 양질의 교수를 위한 하나의 기준이므로 교사와 강사 모두에게 시간제한은 활동 방법에서 일반적으로 중요하다(4.1절 참조). 또 하나 여러분이 생각해야 할 것은 모둠 활동을 하는 동안 여러분이 어디에 있는가이다. 여러분은 모둠에서 논의하는 내용을 파악하기 위해 돌아다니다가 처음 발표할 모둠을 선택해야 한다. 여러분은 이 "플레이스 매트" 방법을 사용하는 동시에 모둠 활동을 사용한 교수법을 예비 교사들에게 교육하고 있는 것이다.

긍정적인 상호 의존

모둠원들은 10분 안에 활동을 끝내는 것을 목표로 하고, 수학적 모델링이 무엇인지, 그것이 어떻게 설명될 수 있는지 등에 대한 주요 아이디어를 발표할 수 있어야 한다. 발표자로 누가 선정될지 아무도 모르기 때문에 각 모둠은 할 수 있는 최선의 준비를 해야 한다. 따라서 이제 모둠원 각각은 다른 모둠원과 적절한 방식으로 긍정적인 상호 의존을 해야 한다. 이것은 특히 여러분이 교사나 강사로서 수업에서 협력 학습 방법을 처음 사용할 때, 실제로 모둠은 자신들의 성공이 모든 모둠원의 참여에 달려있음을 알기 시작하였다는 것을 의미한다.

대면 상호 작용

이는 간단해 보이지만 교실이나 대학 코스 또는 워크숍에서 일상적인 의사소통을 할 때 종종 소홀히 하게 되는 것이다. 여러분의 짝 또는 모둠원의 눈을 적극적으로 들여다보아라. 누군가가 말하는 것을 듣고 그다음에 적절한 반응을 이어가는 것이 중요하다. 모둠의 생각을 종이에 쓰기 전에 모든 사람의 의견을 들어야 한다. 대면이란 사람들이 다른 사람들의 의견에 관심을 보이고 함께 해법을 제시하는 것을 의미한다. 누군가가 수학적 모델링에 대해 점토의 기하학적 형상이라고 말할 때 그것이 잘못되었다고 하더라도 다른 모둠의 구성원들이 즉각 방해해서는 안 된다. 대면 상호 작용은 다른 사람이 말하는 것을 평가하는 것을 포함한다.

개인과 모둠의 책무성

여기서 "플레이스 매트 모둠(placemat group)"과 같은 협력 활동의 목적은 각 모둠원을 개개인으로서 더 강력하게 만드는 것이다. 개인의 책무성은 모든 모둠원이 활동에서 자신의 몫을 다 할 때 확실해진다. 한 모둠원은 다른 모둠원의 활동에 대한 책임도 있다. 위의 플레이스 매트 활동에서 "활동(the works)"은 수학적 모델링이 의미하는 바에 대한 합의를 제시하는 것을 의미한다.

대인 및 소모둠 기술

여기에는 리더십, 의사 결정, 신뢰 구축, 의사소통, 갈등 관리 기술과 같은 사회적 기술이 포함된다. 모든 것에 대해 세부적으로 설명하지는 않겠지만 이는 플레이스 매트 활동을 통해 명확해진다. 기본 모둠으로 워크숍 또는 전체 학기 내내 함께 활동하면 보통 리더의 역할을 하게 되는 한 명이 있다. 리더가 없는 그룹은 실패할지도 모른다. 만일 모둠원들이 수학적 모델링의 의미에 대해 합의를 이루지 못했을 때는 리더가 결정해야 한다는 의미이다. 모둠에서 신뢰를 구축하는 데에는 시간이 걸리며, 한 번의 활동을 통해 이룰 수 있는 것은 아니다. 또한, 학생들이 의사소통 및 갈등 관리를 자연스럽게 할 수 있다고 기대할 수 없으므로 역시 지도되어야 할 기술이다.

모둠 처리

플레이스 매트 활동은 모둠 처리를 시작하는 간단한 방법이다. 왜냐하면, 모둠원은 다음과 같은 방법을 통해 협력 학습의 모든 다양한 측면을 단계별로 학습할 수 있기 때문이다. 모둠 처리 동안 모둠이 한 행동에 대한 반성이 매우 중요하며, 이에 따라 필요한 경우에는 변경도 가능하다. 여기에는 모둠원의 행동이 도움이 되는지 아닌지에 대한 설명도 포함된다. 특히 모둠원들은 얼마나 잘 목적을 달성하고 있는지, 효과적인 활동 관계를 유지하고 있는지를 논의한다.

이 활동이 끝나면 여러분은 참여자가 수학적 모델링의 의미를 이해하는 방법에 대해 개관할 수 있다. 예비 교사와 현직 교사는 수학적 모델링에 대한 국제적 논의로부터 다양한 의견 및 관점에 대해 학습하게 될 것이다(예: Kaiser et al., 2006). 특히 그들은 모델링 사이클(Borromeo Ferri, 2006)과 학교에서 모델링 사이클의 중요성과 적용에 대한 깊은 지식이 필요하다(2.3절의 세부 사항 참조). 대개 나는 다양한 모델링 사이클의 주제에 교사들을 참여시키기 위해 "**직소**(Jigsaw)" 방법을 사용한다.

직소 활동에서는, 각 모둠원에게 학습을 위한 특정 자료가 할당되고, 이를 다른 모둠원들에게 가르친다. 기본 모둠의 각 모둠원은 예를 들어, "진단 모델링 사이클(The diagnostic modeling cycle)" 또는 "응용 수학으로부터의 모델링 사이클(The modeling cycle from Applied Mathematics)"과 같이 연구할 모델링 사이클의 다양한 모델을 배정받게 된다. 지정한 시간이 지나면 기본 모둠은 흩어져 동일 주제를 가진 모둠원끼리 모여 "전문가 모둠(expert-group)"으로 활동한다. 이 전문가 모둠에서 활동한 후에는 원래의 기본 모둠으로 다시 돌아와서 각 모둠원이 자신의 특정 모델링 사이클에 대해 다른 모둠원들을 가르친다. 따라서 코스의 1부를 마칠 때, 그들은 자신의 주제에 대한 내용을 대부분 학습하게 된다. 특히, 이 부분의 마지막 차시에는, 참여자들이 모든 종류의 질문을 할 수 있으며, 물론 그것이 이론과 직소 방법 모두에 반영된다는 것이 중요하다.

보통 내 강의를 듣는 예비 교사들은 수학적 모델링 교수 · 학습을 이해하는 과정을 반성하기 위해 학습 일지를 작성해야 한다. 예비 교사 S1은 학습 일지에 다음과 같이 썼다.

> 때로는 텍스트가 부족해서 전문가 모둠에서 이 특별한 모델링 사이클의 목적을 이해하기가 쉽지 않았다. 그러나 이 직소 방법은 완벽하였다! 모든 모둠원이 뭔가를 설명해야 하므로 더 잘 이해할 때까지 논의하게 되었다.

교수 역량 모델의 이론적 차원의 중요성은 또한 예비 교사 C1으로부터 인용한 다음 글에 나타난다.

> 모델링의 주제는 매우 광범위하며, 교육과정을 통해 내가 알고 있던 것만이 모델링 사이클이 아니라는 것이 명백해졌다. 이것이 "모델링"에 대한 나의 최초의 깨달음이었다.

2부는 "좋은 모델링 과제란 무엇인가?"라는 질문으로 시작한다. 이를 위해 내가 사용하고 싶은 것은 "혼자 생각하기 – 짝 활동 – 공유하기(Think-pair-share)" 방법이다. 여기에는 3단계 협력 구조가 포함된다. 첫 단계에서는 교사가 제기한 질문에 대해 개별적으로 조용히 생각한다. 두 번째 단계에서는 짝을 지어 개인의 생각을 교환한다. 세 번째 단계에서 짝끼리 했던 답을 전체 모둠과 공유한다. 그 후, 기본 모둠은 모델링 문제를 해결한다(예: "등대 과제", 5.1절 참조). 이전에 모델링 문제를 다룬 적이 없다면 문제를 해결하는 동안 어떤 인지 장애나 문제가 발생할 수 있는지, 어떻게 동기 유발하는 것이 결국 만족스러운 해법을 얻는지에 대해 충분히 이해하지 못할 것이다. 더 나은 이해를 위해 나는 활동에서 사용하는 "진단 모델링 사이클"을 통해 참여자들에게 가능한 해결 과정을 제시한다(Blum & Leiβ, 2007; Borromeo Ferri, 2007). 이것은 해법의 어느 부분이 실제적 모델이나 수학적 모델로 간주될 수 있는지에 대해 의사소통하는 등에 도움이 된다(2.2절 참조).

대학생의 학습 발달에 대한 나의 경험과 실증 연구(Borromeo Ferri & Blum, 2009)에 기초하면 2부에서 주목할 만한 발전이 있었다. 예비 교사들은 문제해결 후 내가 상세히 설명했던 모델링 과제 "등대"를 통해 마침내 "진단 모델링 사이클"을 이해했음을 깨달았다. 더 나아가 이제 1부의 배경지식이 그들 스스로 모델링 과제를 만드는 데 도움이 되었다고 생각하였다. 여기서 그들은 이론과 실제를 함께 연결 지은 것이다.

> 우리가 예시 과제로 모델링 사이클을 따라 경험해 본 것이 좋았다. 이를 통해 모델링 과제가 얼마나 복잡한지 알게 되었다. 이제 모델링 과제를 만드는 것이 수월해질 것이다.(예비 교사 S2)

모둠원들은 학교에서 수학적 모델링을 가르치는 데 궁극적으로 사용될 모델링 과제를 개발하기 위해 아이디어를 공유할 시간이 필요하다. 내 강의에서는 초기 "생성 단계"에서 "라운드 로빈 브레인스토밍(Round Robin Brainstorming)[5)]" 방법을 사용한다. 각 모둠

---

5) 역자 주: 라운드 로빈 브레인스토밍은 브레인스토밍의 한 방법이다. 각 모둠원이 문제에 대해 자신이 생각한 아이디어를 침묵 속에서 생각하고 적은 후 각자의 아이디어를 옆으로 넘기고, 옆 사람에게 받은 아이디어에서 발전시켜 새로운 아이디어를 적는 방식으로 순환하며 아이디어를 발전시키는 방법이다. 팀 구성원이 다른 사람의 영향 없이 아이디어를 생성하고 이를 문제해결 과정의 다음 단계로 가져갈 수 있다는 이점이 있다. (https://www.mindtools.com/pages/article/round-robin-brainstorming.htm)

에서 한 사람이 "기록자"가 된다. 질문이나 아이디어가 많은 답과 함께 제시되고, 참여자들에게 답에 대해 생각할 시간을 준다. "생각 시간" 후에 모둠원들은 답을 공유한다. 기록자는 모둠원들의 다양한 답을 기록한다. 기록자 옆에 있는 사람부터 시작하여 모둠원들은 한 사람씩 시간이 다 될 때까지 답한다. 첫 번째 아이디어를 토대로 모둠에서 수학적 주제와 관련하여 특정 학년의 모델링 과제를 만들기 시작한다.

2부에서 참여자들이 작성한 반성을 분석하면서 모델링 과제를 만드는 것이 모델링 문제를 해결하는 것과 마찬가지로 모델링을 학습하고 이해하는 데 중요하다는 것이 매우 분명해졌다. 예비 교사들은 문제를 가르치고자 하는 학교 수준, 과제가 얼마나 복잡해야 하는지, 학생에게 얼마나 많은 시간이 필요한지 등을 생각해야 한다. 예비 교사 A1이 언급한 바와 같이 라운드 로빈 브레인스토밍 방법은 이러한 맥락에서 도움이 되었다.

> 기본 모둠에서 자신의 모델링 과제를 만들 기회가 있다는 것이 좋았다. 우리는 이것이 어려운 과제일 것이라고 생각하였다. 그러나 라운드 로빈 방법은 다른 기본 모둠에서 도움이 될 제안을 얻을 수 있는 굉장히 적합한 것이었다.(예비 교사 A1)

교수 역량 모델을 살펴보면 2부에 포함된 과제 역량의 목적은 교사들과 함께 (바람직한) 모델링 과제의 기준을 설정하고 논의하는 것이다. 또한, 그들은 모델링 과제에 대한 인지 분석을 수행하는 방법을 학습한다. 실제로 이것은 학생의 해법이나 교사 자신의 해법에 기초하여 모델링 과정의 다양한 단계에서 해법을 분류하는 것을 의미한다. 이것이 자명한 것은 아니다. 따라서 2부의 3개 차시에서는 예비 교사들을 위한 이론과 실제 사이의 연결을 다시 한번 다룬다. 더욱이, 그들은 자신의 모델링 과제를 만들면서 진정성과 복잡성에 대한 문제를 처리해야 한다.

3부에는 역량 모델의 과제 및 지시 차원에 속하는 많은 흥미로운 측면이 포함되어 있다. 일반적으로 나는 각각의 측면을 간단한 이론을 제시하는 것으로 시작하고 참여자들은 혼자 또는 기본 모둠으로 활동한다. 3부-(1)(예비 교사들의 모델링 문제에 대한 학생 활동 및 동영상 전사자료 분석)에서, 기본 모둠은 모델링 과제 "등대"에 대한 학생의 모델링 과정의 전사자료를 이용해 활동한다. 이후에, 특히 단계를 구별하는 방법에 대한 논의가 필요하다. 학생들의 모델링 과정을 전사한 것을 분석하는 것은 교사가 다양한 모델링 단계를 구별하는 데 매우 도움이 된다.

> 학생들의 전사자료는 몇몇 부분에서 몇 개의 모델링 단계를 구별하는 데 도움이 되었다.(예비 교사 H)

3부-(2)(모델링에 필요한 역량)에 대한 제시 전에 나는 "무언의 글쓰기 대화(silent writing conversation)" 방법을 사용한다.

모든 모둠에 큰 종이를 준다. 종이 가운데에는 "모델링 역량"이라고 적는다. 참여자들은 말하지 않고, 무엇이 모델링 역량이 될 수 있는지를 브레인스토밍해야 한다. 이때 참여자들은 다른 모둠원의 아이디어에 대한 의견도 글쓰기 방식으로 제시해야 한다.

모둠의 결과에 내해 충분히 논의하도록 한 후 모델링 역량에 내해 내 의견을 세시한다. 충분한 논의 동안 교사가 모델링 역량을 지원하는 방법과 학교에서 모델링 역량을 평가하는 방법에 중점을 둔다. 모델링 역량의 측면은 항상 참여자에게 흥미롭고, 참여자 대부분은 모델링 역량을 지원하는 방법에 대한 질문을 좋아한다. 참여자의 소감문에는 내용상 한 차시로 충분하지 않으며, 이 주제에 대해 더 알고 싶다고 적혀있었다.

> 모델링 역량의 의미와 관련하여 처음에 한 무언의 글쓰기 대화는 매우 유익하였다. 모델링 역량을 위한 지원 방법은 내게 매우 흥미로운 것이었다. 이는 특히 교사를 위해 중요한 질문이다.(예비 교사 J)

앞에서와 마찬가지로, "개입"과 "자기 주도 학습(self-regulated learning)"의 의미에 대한 이론적인 내용을 제공하기 전에 "안쪽-바깥쪽-원(Inside-Outside-Circle)"이라는 활동으로 3부-(3)(모델링 중 교사 개입의 유형)을 시작한다. "안쪽-바깥쪽-원" 활동은 모두가 학습 과정에 참여한다는 원칙을 따른다. 예비 교사들은 안쪽과 바깥쪽에 원을 만든다. 안쪽 원에 있는 사람들은 바깥쪽을 바라보며, 바깥쪽 원에 있는 사람들은 안쪽을 바라본다. 그런 다음 전체 모둠에게 질문한다.

• “학생들이 어려움을 겪을 때 적절하게 개입하려면 교사가 모델링을 가르칠 때 무엇을 알아야 한다고 생각합니까?”

예비 교사들은 서로 반대편에 서서 이 질문을 짝지어 논의한다. 2~3분 후에 바깥쪽 원이 움직이고 새로운 짝과 생각을 교환한다. 3부-(4)(학교에서 모델링을 가르치는 방법)에 배치된 “모델링 교수에 좋은 방법 또는 나쁜 방법은 무엇이라고 생각합니까?”라는 질문에 대해서도 마찬가지다. 나는 3부-(4)를 내가 지금까지 사용한 협력 학습 방법과 그 방법이 세미나 내용에 얼마나 적합한지에 대한 논의와 반성의 기회로 사용한다. 이것은 서로 다른 수준의 메타 반성을 동시에 의미한다.

1. 참여자들은 각 협력 학습 방법과 그 방법이 학교에서 모델링을 가르치는 데 어떻게 사용될 수 있는지에 대해 생각해야 한다.
2. 강의자로서 나는 선택한 활동이 세미나의 내용을 가르치는 데 유용했는지 여부를 반성해야 한다.

안쪽-바깥쪽-원이라는 방법으로 3부-(3)을 시작하는 것은 교사 개입이라는 주제에 대한 좋은 출발이 될 수 있다. 참여자 대부분은 교사의 관점에서 스스로 알아보기 시작하고 또한 이 주제에 더 많은 시간을 할애하고 싶어 한다.

> 안쪽-바깥쪽-원에서 논의한 후에 나는 교사가 수업에서 모델링 문제를 다루려면 준비를 잘 해야 한다고 생각한다. 왜냐하면, 교사는 학생들을 돕기 위해 그들을 신속하게 분석하고 진단해야 하기 때문이다.(예비 교사 C2)

> 오늘 나는 한 교사의 사례 연구를 이용한 모둠 활동을 통해 처음에는 이론적으로, 이후에는 실제적으로 다양한 종류의 교사 개입에 대해 많은 것을 배웠다. 그러나 오늘 이 수업으로부터 더 많은 것을 배웠다. 그 사례 연구는 교사의 개입이, 심지어 그 개입이 해당 내용에 대한 것일지라도, 얼마나 방해가 될 수 있는지를 보여주었다. 나는 적절히 개입하기 위해 스스로 어떻게 개입하는지를 확인해 볼 것이다. (예비 교사 A2)

4부에서는 코스가 진행되는 동안 모든 모둠이 모델링 과제와 학교에서 이 과제를 사용하며 겪은 경험을 발표한다. 이렇게 함으로써 이론과 실제 사이의 균형이 강화된다. 교사 개입과 피드백에 대한 이론적 지식을 통해 교사는 메타인지 수준에서 강력하게 행동할 수 있다.

> 9학년의 모델링 과제를 가르치는 것은 모델링에 대한 나의 이해와 학교에서의 실제 적용에 모두 중요하고 도움이 되었다. [...] 학교에서 모델링 문제를 구현할 기회가 있는 것이 좋았다.(예비 교사 B1)

내가 했던 실증 연구에 따르면, 학교에서 모델링 과제를 가르친 다음 결과를 발표하는 것이 참여자의 모델링 학습 과정에서 특히 중요하다. 예비 교사들은 3부에서는 그 부분과 관련된 측면의 다양성 때문에 모델링을 이해하기 위해 노력하였다면, 4부에서는 자신의 전문성 발달에 초점을 맞추었다. 그들의 소감문은 이론적 수준에서 모델링의 의미와 모델링 지도법에 대해 더 많은 것을 학습했고 이해했음을 나타낸다.

> 오늘은 우리 모둠과 내가 발표를 했고, 그것이 좋았다고 생각한다! [...] 전반적으로 평가는 교사로서의 나에게 도움이 되었다. 왜냐하면, 학생들이 모델링하면서 어떤 부분에 문제가 생기는지 알아낼 수 있었기 때문이다. 또한 작은 수준의 개입과 비개입 사이를 오가는 자각을 얻는 것이 나에게 중요하였다. 나아가 과제가 정확하게 표현되어야 하고 충분한 여분의 시간을 허용해야 한다는 것을 알게 되었다.(예비 교사 B2)

진단 차원을 강조하면서 참여자들은 몇몇 예비 교사들이 학교 수업에서 가져온 모델링 문제의 해법을 채점하게 된다. 5장에서는 학생의 해법을 채점하기 위해 모델링 사이클의 단계를 따르고 개별 문제에 맞춰진 명확한 가이드라인을 갖는 것이 얼마나 중요한지에 대해 자세히 설명한다. 또 다른 모델링 문제에 대해서는 이 개요가 다르게 보일 수 있다.

마지막 **5부**는 모든 측면의 요약과 함께, 특히 "교수학적 이중 구조" 양식에 사용된 협력 학습 방법으로 코스를 마무리한다. 따라서 그 방법에 대한 반성은 항상 매우 도움이 된다. 왜냐하면, 참여자들은 학습자로서 그 방법을 코스 내내 어떻게 경험했는지에 근거하여 장단점을 판단할 수 있기 때문이다. 모든 참여자는 또한 모델링을 가르치는 동안 이러한 방법이 통합될 수 있지만 모두 실행되어야 한다는 것에 동의하였다.

> 이 세미나에서는 모델링을 하나의 주제로 학습하는 것뿐만 아니라 학교에서 모델링을 가르치기 위해 사용할 수 있는 방법도 학습할 수 있어서 좋다.(예비 교사 K)

이것은 이 모델링 코스가 협력 학습을 모델링 활동에 통합하는 원리를 따르는 것뿐만 아니라 모델링 이론과 학교에서의 교수법 및 실제 경험의 균형을 이룰 수 있다는 점에서 성공적이었다는 것을 보여준다.

2장

이론 역량: 실행을 위해

모델링 과제를 수업한 후, 관점과 사이클에 대한 이론적 배경을 왜 배웠는지 알게 되었다. 큰 그림을 볼 필요가 있다.

— 교사 C

이 장은 학교에서 실습하는 데 필요하고 중요한 이론적 배경을 포함한다. 나아가, 지난 십 년간 국제적인 수학적 모델링 토론에서 이론적 개념화와 실증 연구에 기초하여 몇 가지 측면을 다룬다.

2.1 수학적 모델링은 무엇을 의미하는가?: 목적과 목표

수학적 모델링은 지난 40~50년 동안 수학교육 내에서 확립된 연구 분야가 되었다. 특히 지난 10년간, 수학적 모델링 연구는 질적 연구와 양적 연구 양측에서 수행된 실증 연구의 수치가 엄청나게 증가하였음을 보여준다. 전 세계에서 진행된 실증 연구의 결과는 강력한 통찰을 주었고, 수학적 모델링의 효과적인 지도법과 학습법에 대한 부분적인 해답을 제공한다. 국제적인 토론을 살펴보면 여러 나라에서 진행된 다양한 교육적 시도에서 수학적 모델링의 다양한 개념을 발견할 수 있다(Borromeo Ferri, 2014). 그러나 수학적 모델링이 **현실과 수학 사이를 오가는 변환**을 포함하는 활동으로 설명될 수 있다는 강력한 합의가 있다. 왜냐하면 그것이 수학적 모델링의 필수적인 특징이기 때문이다(**그림 2.1**).

수학적 모델링은 모든 데이터를 주거나 알고리즘만 실행하면 되는 '가상의 현실적

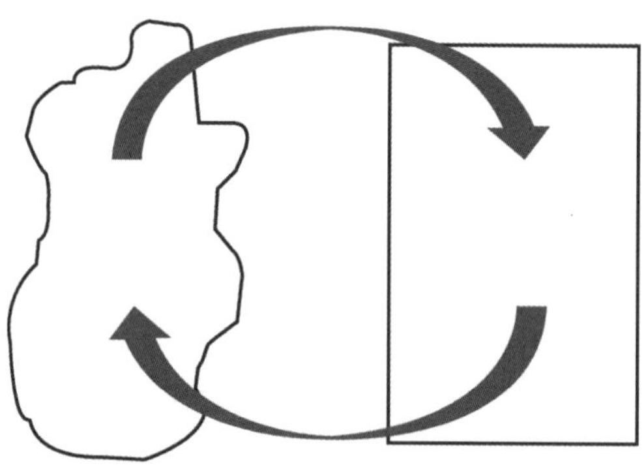

그림 2.1 수학적 모델링: 현실과 수학 사이의 변환

문제'를 의미하지는 않는다. 수학적 모델링은 학생들이 현실에서 비롯된 문제에 수학을 적용해야 하므로 여러 수준의 학생들에게 도전이 된다. 다음 모델링 과제 "짚더미(Blum & Leiβ, 2007b)"를 수행하면서, 모델링 문제가 어떻게 도전이 되는지 더 잘 이해할 수 있을 것이며, 현실과 수학의 변환 과정이 명확해질 것이다.

더 읽기에 앞서 문제를 먼저 해결해보자. 여러분의 학생들이 문제를 풀 때 생길 수 있는 어려움과 질문을 기록해보자.

- 결과가 한 가지 이상인가?
- 실세계를 모델링하기 위해 어떤 종류의 수학을 사용했는가?
- 결과가 옳은지 어떻게 알 수 있는가?

수학적 모델링의 의미를 더 잘 이해하기 위해, 모델링 사이클의 여러 단계에 대해 더 깊게 볼 필요가 있다. "짚더미" 문제의 모델링 과정은 교사 교육(상세한 내용은 2.2절 참조)에서 사용한 "진단 모델링 사이클(Borromeo Ferri, 2007; **그림 2.2**)"의 단계를 따라 설명할 것이다.

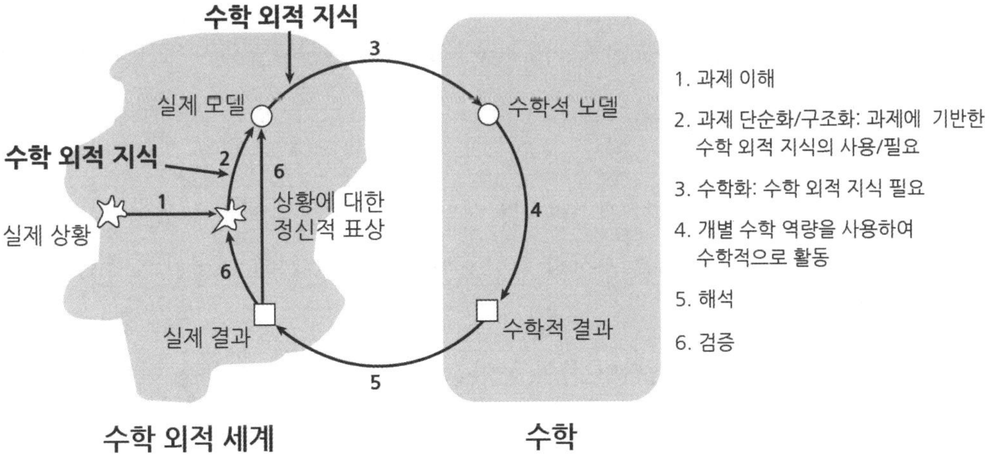

그림 2.2. 인지적 관점의 수학적 모델링 사이클(Borromeo Ferri, 2007)

2.1.1 실제 상황

“짚더미” 문제의 실제 상황(Real Situation)은 그림에서 명확하다. (사진이나 글로 표현되는) 실제에서 비롯된 문제를 실제 상황이라 한다.

2.1.2 상황에 대한 정신적 표상

상황에 대한 정신적 표상(Mental Representation of the Situation)은 매우 개인적이며 두 부분으로 구성된다.

1. 주어진 실제 문제로 인한, 개인의 연관성: 만약 문제해결 과정을 돌이켜 생각해보면, 짚더미에 대한 여러분 자신의 경험을 참조하여, 여름과 관련된 것들을 생각했을지도 모른다.
2. 문제의 이해: 개인은 (짚더미 산의 높이를 결정해야 하는) 과제를 이해해야 한다.

2.1.3 실제 모델

실제 모델(Real Model)을 얻기 위하여 정신적 그림을 좀 더 단순화하고 구조화해야 하며, 실제 상황을 더 구체화해야 한다. 짚더미 대신 원을 생각할 수 있고, 실제 모델로 원을 그릴 수 있다. 짚단 위에 앉아 있는 사람을 생각해보고 문제를 해결하는 데 사람이 필요하다고 고려한다면, 그 사람을 선으로 단순화할 수 있다. 실제 상황을 단순화하고 가정하는 것이 중요하다. 그렇지 않으면 문제를 해결하는 데 도움이 되는 수학을 이용하거나 "찾는" 것이 어렵기 때문이다. 사람의 키가 대략 1.7m라고 가정해보자. 이것을 짚더미의 지름을 어림하기 위해 사용할 수 있다.

2.1.4 수학 외적 지식

아는 바와 같이, 많은 관련 자료(예: 사람의 키나 짚더미의 지름)가 과제에 주어지지 않기 때문에 수학 외적 지식(Extra-Mathematical Knowledge)이 필요하다. 이 과제의 수학 외적 지식 수준은 다른 모델링 문제와 비교하면 그리 높지 않지만, 이는 항상 주어진 실제 상황에 대한 개인적인 경험에 달려있다. (도시에 사는) 많은 학생이 차로 이동하는 동안 멀리서 이런 짚더미를 본 적이 있다고 가정할 수 있지만, 그 위에 앉거나 만져본 학생은 흔치 않을 것이다. 한 짚더미의 높이보다 사람의 키를 어림하는 것이 더 쉬울 수 있다. 두 가지 모두 실제 모델을 만들고, 그다음 수학적 모델을 만드는 단계로 사용될 수 있다. 여러분은 모델링 문제가 일상적인 지식을 요구한다는 것을 안다. 만약 학생들이 사람의 키에 대해 알지 못한다면, 이 정보를 얻는 방법에 대해 알아야 한다. 예를 들어 학생들이 자신의 어머니에 대해 생각할 수 있는 경우, 어머니의 키는 얼마인가? 이렇게 하면서 학생들은 어림과 측정 역량을 연습한다. 학생들은 수학 외적 지식을 사용하고 적용하고 생성하면서 모델링 문제를 매우 흥미롭게 생각하게 된다. 현실과 수학의 연계 및 수학의 유용성이 명백해진다.

2.1.5 수학적 모델

문제의 복잡성으로 인해 실제 문제를 해결하기 위해서는 두 가지 이상의 수학적 모델(Mathematical Model)이 필요하다. “짚더미” 문제에서 다음의 두 수학적 모델이 가능하다.

- 모델 1 (사람 키의 반복 덧셈)
  대략 1.7m인 사람의 키를 쌓아서 짚더미의 높이를 얻기까지 더할 수 있다.
- 모델 2 (피타고라스의 정리)
  어림한 사람의 키(1.7m)를 이용하여 짚더미 하나의 높이(1.5m)를 추정한 뒤, 피타고라스의 정리를 이용할 수 있다.

수학적인 결과를 도출하기 위해 피타고라스의 정리, 분수 연산, 어림하기와 같은 **수학적 역량**이 필요하다.

2.1.6 수학적 결과

수학적 모델에 따르면, 수학적 결과(Mathematical Results)는 양쪽 모두 약 7m에 가깝다.

2.1.7 실제 결과

이러한 결과는 실제 결과(Real Results)를 얻기 위해 주어진 문제와 관련하여 해석해야 한다. 이 문제 맥락에서 해석이란 7kg이 아니라 약 7m를 말하고 있다는 것을 의미한다. 따라서 실제 결과를 갖고 수학에서 현실로 돌아오기 때문에, 실제 문제의 맥락에 초점을 맞춰야 한다.

검증은 실제 결과를 정신적 표상 및 실제 모델, 따라서 처음에 했던 가정과 비교하는 것을 의미한다. 검증 단계는 매우 중요하며, 교사가 수업에서 처음 모델링을 사용하기 시작할 때 안내해야 한다. 학습자는 다음 질문에 대해 생각해야 한다. 수학적 모델을 세우기 위해 앞서 했던 가정들에 근거하여 7m가 옳은 답인가? 학생들은 다른 수학적 과제 해결에서 터득한 대로, 보통 수학적 결과가 나오면 모델링 과정을 중단한다. 그러나 수학적 모델링은 다르다. 만약 수학적 결과의 실제성이 학생들에 의해 의문시되지 않는다면, 수학적 모델링은 의미가 없다.

일부 중학교 학생들은 짚더미의 높이가 123m라는 결과에 만족했고 잘 해결했다고 생각하였다. 내가 학생들에게 가정에 관해 물었을 때, 그들은 옳은 가정(사람의 키와 짚더미 하나의 높이)을 했음에도 불구하고 계산 실수를 했다는 것이 매우 빠르게 드러났다. 학생들이 이런 측면을 반성하고 난 후, 수학적인 결과가 전혀 터무니없고 해결해야 할 실제 문제의 맥락에서 현실적이지 않다는 것을 깨달았다. 이것이 바로 여러분이 처음 모델 활동을 시작할 때 학생들에게 이 모든 과정을 매우 주의 깊게 지도해야 하는 이유다. 학생들은 맥락을 진지하게 여기는 법을 배워야 한다.

2.1.8 일상적인 지도에서 수학적 모델링을 포함하기 위한 목적과 정당성

일상적인 지도에서 수학적 모델링을 시행하려는 목적은 일찍부터 형성되었다. 이 분야의 연구자나 학교에서 실시해 본 모든 사람은 학생들과 교사들에게 교과목으로서의 수학에 대해 더 폭넓은 시각을 가질 가능성을 제공할 기회임을 알고 있었다. 수학적 모델링이 세계 여러 나라의 교육 규준의 일부로 포함되기까지 오랜 시간이 걸리기 때문에, 대수나 통계와 같은 다른 “정규” 수학 주제보다 수학적 모델링을 강조할 필요성이 명백하다. Kaiser(1995)와 Blum(1996)은 다중 차원을 포함하여 모델링 지도라는 목적을 세웠다. 이 목적은 특정 연령이나 학년에 초점을 맞추는 것이 아니라 개인의 모델링 역량을 향상하기 위해 초등학교부터 고등학교까지, 그리고 교사 교육에도 사용될 수 있다. 다음의 네 가지 정당성(Blum, 2011 참조)은 수학적 내용에 대해 학습하거나 더 깊이 이해할 뿐만 아니라 일반 교육에 공헌하기 위한 모델링의 중요성을 보여준다.

1. "실용적(pragmatic)" 정당성은 실세계 상황을 열거하고, 이해하고, 숙달하는 것을 포함한다. 이는 응용 및 모델링 예제를 명시적으로 지속해서 다루는 것을 의미한다.
2. "형성적(formative)" 정당성은 모델링 활동에 참여함으로써 역량이 증진되는 것을 의미한다.
3. "문화적(cultural)" 정당성은 실세계가 더 넓은 수학관을 제공할 수 있도록 기여하는 것에 초점이 있다.
4. "심리적(psychological)" 정당성은 실세계의 사례가 수학에 대한 학생들의 흥미를 높이고, 동기를 부여하거나, 수학적인 내용을 더 잘 이해하도록 돕는 데 기여해야 한다는 것을 의미한다.

"짚더미" 문제는 위에 제시한 정당성 대부분을 충족시킨다. 그러나 이 정당성은 수학적 모델링이 수학교육에서 자주 적용되어야만 학생들에게 성취될 수 있다. 이것은 수학적 모델링이 실제로 1년에 한 번이 아니라, 최소한 매주 한 번 이상 이루어져야 한다는 것을 의미한다. 이것이 어떻게 가능한지는 4장에 제시된다.

2.1.9 수학적 모델링에 대한 국제적 관점

"수학적 모델링이 무엇을 의미하는가?"에 대한 질문과 비슷하게 "수학적 모델링의 교수와 학습이 무엇을 의미하는가?"라고 질문할 수 있다. 수학적인 모델링이 현실과 수학 사이의 변환을 포함한다는 분명한 합의가 있다. 더 많은 것을 원하면 Garfunkel et al.(2016)(GAIMME 보고서[6]) 및 Hirsch & McDuffie(2016)를 참조하라. 교육적 전통이 다른 여러 나라에서 수학적 모델링이 해석되는 방법이 흥미롭다.

모델링에 대한 다양한 관점에 따른 다음의 분류 체계가 "수학적 모델링과 응용" 그룹에 의해 몇몇 유럽 회의에서 개발되었고 몇 번의 수정을 거쳤다. 이 체계는 전 세계에

6) 역자 주: 'Guidelines for Assessment & Instruction in Mathematical Modeling Education'으로, 수학적 모델링 교육의 지도와 평가를 위한 안내서를 말한다. GAIMME은 학생 경험에 포함할 핵심 역량을 정의하는 데 도움이 되며, 모든 수준에서 수학적 모델링 교육을 강화하기 위한 방향을 제공한다.

서 온 참가자들에 의해 개발되었기 때문에 단지 유럽만의 관점은 아니다. 따라서, 수학적 모델링에 대한 많은 견해와 접근법이 비유럽 국가 연구자들의 영향을 받았다. 이 이론적 관점이 분명히 연구의 관점에서 정의되었음에도 불구하고, 여러분이 모델링 문제를 훨씬 더 깊게 이해하고 분석하고 수업 계획과 지도에 대해 생각하는 것을 돕는다(4장 참조).

수학적 모델링에 대한 이론적 관점은 다음을 포함한다(Kaiser & Sriraman, 2006; Borromeo Ferri et al., 2011).

- 현실적 또는 응용 모델링
- 교육적 모델링
- 인식론적 또는 이론적 모델링
- 사회 비판적 모델링
- "모델 유도 활동" 접근법(Model-Eliciting Activity: MEA)
- 인지적 모델링과 정의적 모델링(메타 관점에서)

현실적 또는 응용 모델링 관점은 현실적이고 진정한 실세계 사례를 사용하는 것을 강조한다. 물론 현실적 문제가 없는 모델링은 없다. 다른 관점은 그러한 문제를 사용하지 않는다는 것을 의미하는 것도 아니다. "짚더미" 과제는 모둠으로 활동하고 전체가 발표하고 토의하는 것을 포함하는 90분 수업용의 훌륭한 문제이다. 그러나 이 관점의 특징은 실제 문제가 매우 복잡해서 일반적으로 모델링의 날이나 모델링 주간과 같은 프로젝트 작업에 사용될 수 있다는 것이다(6장 참조). 이러한 특징에 부합하는 복잡한 모델링 문제 사례는 다음과 같다.

- 수영장의 화학 혼합물을 어떻게 최적화할 것인가?
- 신호를 보내고 감지할 수 있는 기술적 장치가 장착된 벨트가 나무에 고정되어 있다. 이 장비로 나무의 건강 상태를 예측하고 싶다.

교육적 모델링 관점은 교수학적 모델링과 개념적 모델링이라는 두 가지 모델링 하위 관점에 초점을 맞춘다. 교수학적 관점은 모델링 활동을 위한 학습 과정을 구조화하는 것을 의미한다. 따라서 여러 연구의 목적은 수학적 모델링의 수업 차시를 개발하고 평가하는 것이었다. 수학적 모델링 수업의 계획과 실행을 위한 철학은 사실 "일반적인 수학 수업"과 다르지만, 모델링 문제에 사용하는 시간에 좌우된다(4장 참조). 개념적 모델링 관점은 모델링 사이클에 있는 용어인 "실제 모델", "수학적 모델", "검증"을 도입하고 명료하게 하는 것과 같이 모델링과 메타 수준의 발달을 통해, 수학적 개념("짚더미" 과제에서 피타고라스의 정리)의 도입 또는 강화를 강조한다. 교육적 모델링 관점은 강한 교육학적 목적과 주제 관련 목적을 지닌다. 언급된 두 가지 측면은 많은 연구의 초점이 되고 있다. 그 두 측면은 모델링 지도라는 목적을 나타낸다.

인식론적 모델링(또는 이론적 모델링)의 목적은 더 이론 지향적이다. 주로 유럽의 로망스어 국가는 수학적 모델링의 교수와 학습에 대해 독특한 관점을 가진다. 이 국가들은 인식론적 모델링으로 묘사되는 이론과 관련한 배경에서 출발한다. 이러한 관점에 기반을 둔 수업은 특별히 실제와 수학의 변환이 아니라, 문제의 내적 수학 구조에 초점을 맞춘다. "짚더미" 문제로 본다면, 그 목적은 피타고라스 정리뿐만 아니라 길이, 각도 등과 같은 다양한 개념을 다루는 것이다. 교육적 모델링 관점과 차이는 모델링 역량을 배우고 촉진하기 위해서가 아니라 수학적 활동을 위한 도구로서 모델링을 사용한다는 점이다.

사회 비판적 모델링 관점은 교육적 목적을 지니지만, 특히 주변 세계를 비판적으로 보고 이해하는 것에 관심이 있다(Barbosa, 2006; Rosa & Orey, 2013 참조). 이러한 관점에 바탕을 둔 사상은 주로 남미, 특히 브라질의 연구자들로부터 비롯되었다. "짚더미" 과제조차 모든 종류의 모델링 문제처럼 사회 비판적으로 해석될 수 있다. 짚더미의 높이에 대한 문제뿐 아니라, 미국과 독일과 브라질의 농부가 같은 크기의 밭을 경작했을 때 얻을 수 있는 수익에 대해 질문할 수 있다. 학생들은 다양한 문화를 비교하면서 많은 질문이 할 수 있다. 더욱이 그들은 (밭의 크기, 짚의 가격 등) 데이터를 찾고 조사하는 과정에서 더 많은 수학을 할 수 있다. 학교 또는 워크숍에서 모델링을 가르친 경험에 따르면, 학생과 교사 모두 사회 비판적인 질문을 좋아하였다. 특히 학교에서 학생들과 흥미로운 현상이 종종 발생한다. 사회 비판적 질문에 매우 열심히 참여하고 있어서 학생들이 자신도 모르게 수학을 하는 것이다. 이것은 물론 실제 맥락의 결과이며 때로는 학생들 자신의 생활 속 경험과 관련된 것이다. 학생들에게 수학의 유의미성이 뚜렷하게 드러난다.

인식론적 모델링과 사회 비판적 모델링을 비교하면 그 차이가 명확하지만, 두 개의 관점을 융합하는 것처럼 보이는 흥미로운 이론적 접근이 사회인식론적 접근이다(Cordero, 2008; Buendia & Cordero, 2005). 이 접근은 예컨대 도구를 사용한 모델링 활동 중 수학적 지식을 재구성하는 데 초점을 맞춘다. 다른 한편 사람들이 수행하는 역할과 사회적 맥락에 매우 관심을 둔다.

모델 유도 활동 접근법/관점은 미국의 모델링 논쟁과 Lesh의 "MEA 그룹"의 광범위한 작업에서 비롯된 중요한 결과이다(Lesh & Doerr, 2003 참조). Lesh에 따르면, 모델 유도 활동은 유지원에서부터 시작되어야 하며, 학습자들은 공학이나 경제와 같이 다양한 전문 분야의 문제를 경험할 수 있다. 이것은 수학이 실생활에서 어떻게 필요한지 이해할 수 있도록 돕는다. 마지막으로 메타 관점-인지적 모델링과 정의적 모델링-을 언급할 가치가 있다. 대부분의 연구에서 이 접근법이 조사의 필수적인 부분이기 때문에, 이것은 "메타 관점(meta-perspective)"으로 분류된다. 따라서 인지적 관점에서 연구의 목표는 모델링 활동을 수행하는 동안, 학습자와 교사의 인지 과정을 분석하는 것이다(Borromeo Ferri, 2010 참조). 인지적 관점에서 수학적 모델링 과정을 보는 것은 교수·학습을 위해 중요하다. 인지적 관점은 모델링 문제의 인지적 장애를 분석하는 데 도움이 되며, 진단을 위한 기초가 된다(2.3절, 5.1절 참조).

이 관점이 연구 관점으로 간주되지만, 수학적 모델링의 교수·학습을 중심으로 이론의 상호 작용, 실제 경험, 실증적 연구로부터 진화하였다. 다음 절에서는 이러한 관점들이 다양한 모델링 사이클에 어떻게 반영되는지 명확해질 것이다.

2.2 모델링 사이클: 다면적인 학습 도구

모델링과 응용에 관한 참고문헌을 보면 다양한 모델링 사이클을 발견할 수 있다. 이 사이클은 모델링에 대한 다양한 관점에 따라 서로 다르다. 어떤 경우에는 복잡한 과제를 사용하는지 아닌지에 따라서 달라지기도 한다(Borromeo Ferri, 2006). 지난 몇 년 동안 모델링의 교수 · 학습을 위한 모델링 사이클의 적절성이 이론적이고 실증적으로 연구되어왔다. 이 결과를 바탕으로 한 모델링 사이클은 교사 교육 및 연수의 핵심 부분이어야 하며, 학교에서 모델링 활동을 시작할 때에 명시적으로 통합되어야 한다. 모델링 사이클은 모델링 과정을 특징짓는 이론적 모델일 뿐만 아니라, 학생들을 위한 다목적인 (메타) 학습 도구이자 교사들을 위한 진단 도구이다. 이 관점들과 유사하게, Borromeo Ferri(2006)에 의한 분류를 기반으로 모델링 사이클을 재분류하고자 한다. 다음의 분류는 연구와 실제를 위한 모델링 사이클의 다양한 목표와 목적을 보여준다.

- 응용 수학으로부터의 모델링 사이클(Modeling cycle from applied mathematics)
- 교수학적/교육학적 모델링 사이클(Didactical or pedagogical modeling cycle)
- 심리학적 모델링 사이클(Psychological modeling cycle)
- 진단 모델링 사이클/인지적 관점으로부터의 모델링 사이클(Diagnostic modeling cycle/ modeling cycle form a cognitive perspective)

2.2.1 응용 수학으로부터의 모델링 사이클

여러분은 수학적 모델링에 관한 거의 모든 책에서 한 가지 공통점을 지닌 모델링 사이클을 볼 수 있다. 그 공통점은 실제 상황과 수학적 모델이 동일하다는 것이며, 뒤에 나올 실세계와 수학이 명확히 구별되는 모델링 사이클과 전적으로 모순된다. 이는 이 맥락에서 사용되는 모델링 문제의 종류와 부분적으로 관련된다. 이 문제들은 대부분 앞서 "현실적 또는 응용 모델링 관점"에서 설명했던 의미로 "현실적이고 복잡한" 문제(예:

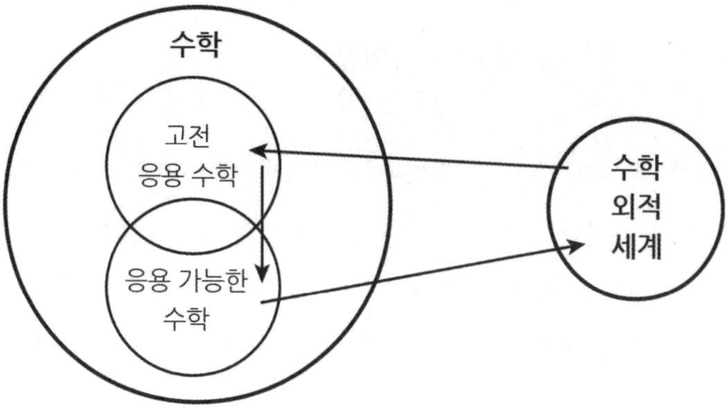

그림 2.3 Pollak의 모델링 사이클(1979, p.233)

산업 또는 경제)이다. 실제 문제의 복잡성은 모델링 사이클 내 단계의 개수에 어느 정도 영향을 미치는데, 더 구별할 필요는 없기 때문이다. Pollak(1979)은 모델링의 일반 분야에서, 특히 실세계를 더 잘 이해하기 위한 방법으로 모델링을 고려한 저명한 연구자이다. 아래의 모델링 사이클은 Pollak이 자신의 연구에서 원형으로 사용했던 사이클이다(**그림 2.3**).

Pollak의 모델링 사이클은 수학교육 분야의 모델링 연구에서 모델링 사이클의 발달에 크게 영향을 미쳤다. 따라서 사이클 대부분은 현실과 수학의 두 세계와 변환 과정을 명확하게 보여준다. 수학적 모델링이 의미하는 바를 이해하기 위해서는 이 두 세계를 독립적으로 제시하는 것이 매우 중요하다. 응용 수학에 기원을 둔 Pollak의 3단계 모델("수학 외적 세계"(1단계) → "고전 응용 수학"(2단계) → "응용 가능한 수학"(3단계) → "수학 외적 세계")과 매우 유사한 4단계 또는 더 많은 단계의 모델링 사이클을 다수 볼 수 있다.

여러 사이클을 볼 때 여러분은 항상 그것이 사용되는 목적을 염두에 두어야 한다. 응용 수학자는 수학 교사 또는 연구자들과는 완전히 다르게 Pollak의 사이클 또는 다음의 사이클을 사용하고 이해한다.

2.2.2 교수학적/교육학적 모델링 사이클

이 모델에서 현실과 수학은 Pollak의 모델과 같이 "두 세계"로 분리된다. 단계들과 관련하여 더 명확해진다. 실제 상황에서 시작하는 것은 실제 문제/과제를 통해 주어지는 것이다. 여러분은 실제 상황을 실제 모델로 만들기 위해 이상화해야 한다. 예를 들어 "짚더미" 문제를 언급하자면, 이것은 짚더미들을 원으로 단순화하고 그림 속 여자의 키를 추정하는 것을 의미한다. 이렇게 하면, 수학적 모델을 수학화하고 만들어낼 수 있다. 모델을 조사하는 것은 피타고라스의 정리를 올바르게 사용하여 수학적 결과를 얻는 것과 같은 내적 수학 활동을 의미한다. 가장 중요한 마지막 단계는 수학적 결과의 해석이며 이전 절에서 설명한 것처럼 교사가 명시적으로 안내해야 한다(**그림 2.4**).

그런데 왜 이 사이클을 교수학적/교육학적이라고 부를까? 지난 10년 동안 수학적 모델링의 교수 · 학습에 관한 연구의 한 가지 핵심은, 모델링 사이클이 중·고등학생과 대학생의 모델링 역량과 일반적으로 모델링에 대한 이해를 신장시키는 도구가 될 수 있는지, 그렇다면 어떻게 해야 하는가(Blum, 2015; Maaβ, 2007 참조)였다. 첫째로, 모델링 수업 내에서 사이클을 실행하면 학생들은 실제 문제를 해결하면서 수행한 바를 반성할 기회를 얻게 된다. 둘째로, 학생들은 Maaβ의 실증적 연구에서 7학년의 경우를 통해 "실제 모델" 또는 "수학적 모델"이라는 개념을 배웠다. 게다가, 이 메타 수준과 사이클을 통한 모델링 과정의 시각화는 현실과 수학 사이의 변환 때문에 일상적인 문제와 모델링 문제가 어떻게 다른지에 대한 아이디어를 얻는 데 도움이 된다. 교수학적/교육학

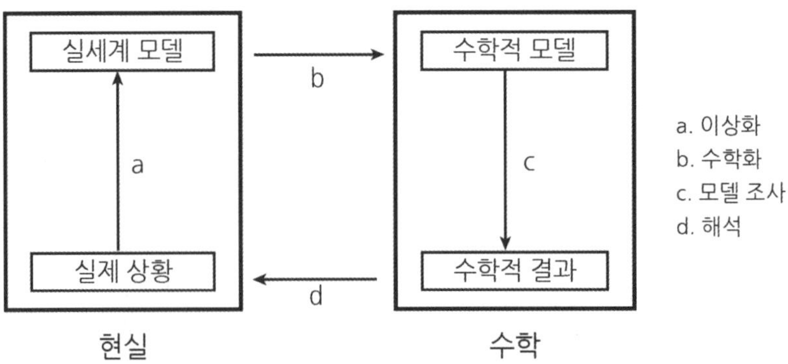

그림 2.4 Blum(1996)과 Kaiser(1995)의 모델링 사이클

적 관점에서 볼 때 이 사이클은 특히 4개의 명확히 배열된 단계 덕분에 모델링 수업을 위한 의미 있는 도구라 볼 수 있다. 2.1절에서 제시되었던 모델링 사이클은 7단계라서 뒤에 나오는 "심리학적 모델링 사이클"과 마찬가지로 어린 학생이 이해하기에는 지나치게 어려울 수 있다.

2.2.3 심리학적 모델링 사이클

이러한 종류의 사이클은 응용 수학이나 수학교육보다는 심리학 연구에 그 기원을 둔다. 다음 사이클은 심리학자 Verschaffel et al.(2000)에 의해 만들어진 모델링 사이클의 원형을 보여준다. 사이클을 살펴볼 때 "**상황 모델**"에 주의를 기울이기 바란다(**그림 2.5**).

잘 알려진 용어인 "상황 모델"은 주로 복잡하지 않은 모델링 문제, 특히 문장제 문제와 관련하여 사용되며(Kintsch & Greeno, 1985; Nesher et al., 2003 참조), 텍스트 언어학에서 기원한다. 상황 모델은 문제에서 제시된 상황의 정신적 표상으로 간략하게 설명될 수 있다. 예를 들면, Kintsch & Greeno(1985)에서 때때로 "문제 모델"이라고 불리는 **상황 모델**의 개념을 발견할 수 있는데, 이는 다음과 같이 설명된다.

> 상황 모델에는 텍스트 정보의 영역에 대한 지식을 사용하여 추론하는 것이 포함된다. 상황 모델은 어떻게 텍스트가 형식화되고 다양한 관련 경험과 통합되는지와 무관하게 텍스트의 내용을 나타낸다. 그 구조는 독자가 수행할 것으로 기내되는 과세가 무엇이든 그 요구에 맞게 조정된다(Kintsch & Greeno, 1985, p.110).

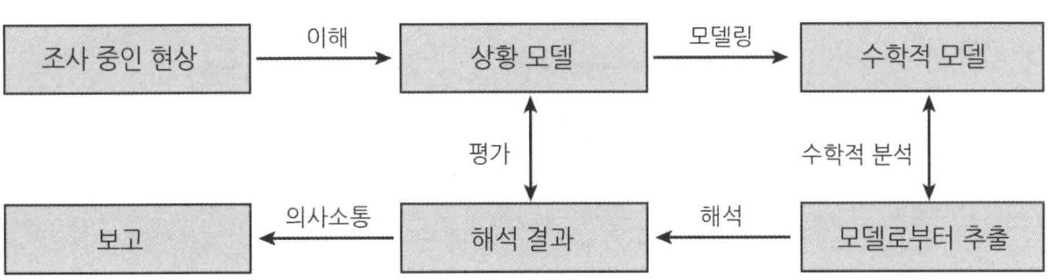

그림 2.5 Verschaffel et al.(2000)에 제시된 모델링 사이클

상황 모델의 현상은 모델링 맥락으로 옮겨졌고, 실제 상황과 실제 모델 사이의 추가 단계로서 상황 모델을 포함하는 모델링 사이클(Blum & Leiβ, 2007a; Borromeo Ferri, 2006 참조)이 생겼다. 위에 제시한 사이클에서 분명한 것은 수학과 현실 사이에 구분이 없다는 것이다. 이 사이클은 학교에서 사용되지 않으며 개발자 또한 그렇게 사용할 의도가 아니었다. 그러나 진단 모델링 사이클에 상황 모델을 포함하는 적절성이 연구, 실제, 특히 교사 교육 및 수학적 모델링 연수를 위한 새로운 방법을 제공하였다.

2.2.4 진단 모델링 사이클/인지적 관점으로부터의 모델링 사이클

이러한 종류의 모델링 사이클로 "연구"하는 연구자들은 특히 모델링 과정 동안 개인의 인지 과정에 중점을 둔다. 이것이 상황 모델이 이 사이클에 포함된 한 가지 이유인데, 연구자들은 모델링 동안 모든 개인이 이 단계를 어느 정도 겪는 것으로 가정하기 때문이다(**그림 2.6**).

Blum & Leiβ(2007a)는 모델링 과정에서 상황 모델을 중요한, 심지어 가장 중요한 단계로 이해한다. 이는 실제 상황과 상황 모델 간의 변환을 과제를 이해하는 단계로 설명하기 때문이다. COM[2] 프로젝트7)에서 유사한 접근(Borromeo Ferri, 2007)은 Blum

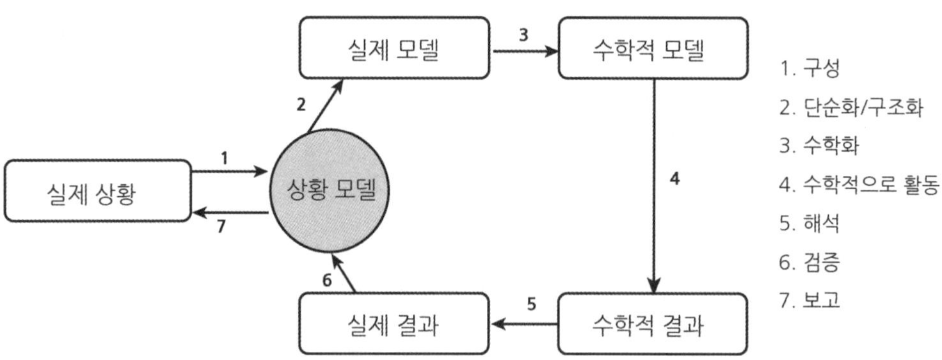

그림 2.6 Blum & Leiβ(2007a)에 제시된 모델링 사이클

7) 역자 주: Cognitive-psychological analysis of modeling processes in mathematics lessons, 수학 수업에서 모델링 과정의 인지심리학적 분석

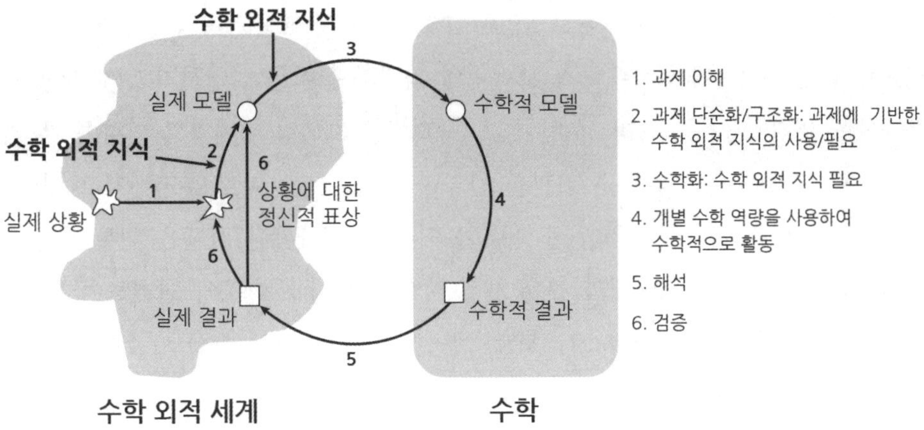

그림 2.7 인지적 관점으로부터의 수학적 모델링 사이클(Borromeo Ferri, 2007)

& Leiβ(2007a)의 모델링 사이클을 채택하여 상황 모델 단계를 이용한다. 그러나 나는 상황 모델이라는 용어 대신에 "상황의 정신적 표상"이라는 단어를 사용하였다. 왜냐하면 이 용어가 (복잡한) 모델링 과제를 읽는 동안 또는 그 후에 대응하는 정신적 그림을 얻기 위해 개인이 거치는 내적인 과정을 더 잘 설명해 줄 수 있기 때문이다. 이러한 측면 이외에도, 나는 실증적으로 이 단계들을 설명하고 재구성하기 위해 여러 단계가 있는 이 모델링 사이클을 사용하였다(다음 절 참조, **그림 2.7**).

상황 모델과 상황의 정신적 표상을 통해 모델링 과정에 대한 인지적 관점이 제시되며, 이는 여러 단계(6~7개)를 지원한다. 따라서 이 사이클은 진단을 목적으로 할 때 좋은 도구이다(5.1절 참조). 만약 교사가 모델링 사이클 내에서 단계를 명명하고 구분할 수 있다면 모델링 동안 학생들에게 가능한 인지적 장애를 진단할 수 있다.

위의 분류 외에도, 학교 또는 고등 교육에서 사용되는 모델링 사이클에 대한 자세한 설명을 찾아볼 수 있다(Cirillo et al., 2016).

2.2.5 수학 규준에 제시된 모델링 사이클: 미국의 수학과 국가 공통 핵심 규준 사례

위의 분류는 여러 종류의 모델링 사이클을 보여주었다. 모델링 사이클이 교사 교육이나 교사 연수의 일부가 아니었기 때문에, 아마도 여러분들은 이러한 사이클을 보지 못했을 수도 있다. 또한, 수학적 모델링이 수학 규준 및 교육과정의 중심이 된 국가(예: 미국, 독일, 칠레 등)에서는 수학적 모델링의 과정과 용어를 설명하기 위해 다양한 사이클을 사용하였다. 국가의 수학 규준이나 교육과정을 모델링 측면과 관련하여 분석할 때, 일반적으로 모델링 분야의 연구 결과를 간과하지 않는다는 점이 분명해지고 있다. 그러나 수학 규준은 교과서 집필을 위한 기초가 되며, 교사에게는 실행을 위한 중요한 안내서이다. 따라서 수학적 모델링과 같은 새로운 교수 분야는 연구와 연계하여 될 수 있으면 일관되게 제시되어야 한다. 그러므로 여러분 나라의 현행 수학 규준에 하나의 모델링 사이클만이 제시되고 있지 않은지 아는 것이 중요하다. 책을 여기까지 읽었다면, 여러분은 모델링에 관한 국제적 연구에 기반을 두어 제시된 몇 개의 모델링 사이클을 알며 모델링 사이클이 무엇을 의미하는지도 알게 되었을 것이다.

다음에서 나는 미국의 수학과 국가 공통 핵심 규준(Common Core State Standards Mathematics: CCSSM)에서 수학적 모델링이 어떻게 특징지어지고 어떤 모델링 사이클이 제시되는가를 설명하고자 한다. 내가 미국을 예로 든 이유는 CCSSM이 (2013년부터) 미국의 많은 주에서 완전히 새롭게 시행되고, 심도 있게 논의되어왔으며, 수학적 모델링을 완전히 새로운 것으로 보고 있기 때문이다. 수학적 모델링, 규준 및 평가는 상호배타적이지 않다. 이에 대해서는 5.2절에서 몇 가지 예를 들어 명시적으로 설명할 것이다.

NCTM 규준을 보면 수학적 모델링이 CCSSM과 달리 명시적으로 나타나 있지 않은 것을 알 수 있다. 2.1절에서 언급된 특성을 생각해보았을 때, 수학적 모델링은 "연결성"이라는 표현으로 NCTM 규준에 다소 암묵적으로 포함되어 있었다. 물론 이러한 설명이 수학적 모델링 연구자이며 교사 교육자인 나에게 만족스럽지는 않지만, 이제 CCSSM에서는 수학적 모델링이 중요한 규준임을 보여주고 있다.

> 학생들은 일상생활, 사회 및 직장에서 발생하는 문제를 해결하기 위해 그들이 알고 있는 수학을 적용할 수 있다.(NGA center & CCSSO, 2010, pp.6~8)

이 인용문은 수학 외적 맥락과 상황과 실제 문제는 수학의 도움을 받아 해결해야 한다는 것을 명확히 한다. 현실과 수학 사이를 오가며 변환이 발생한다. 학습자는 실생활

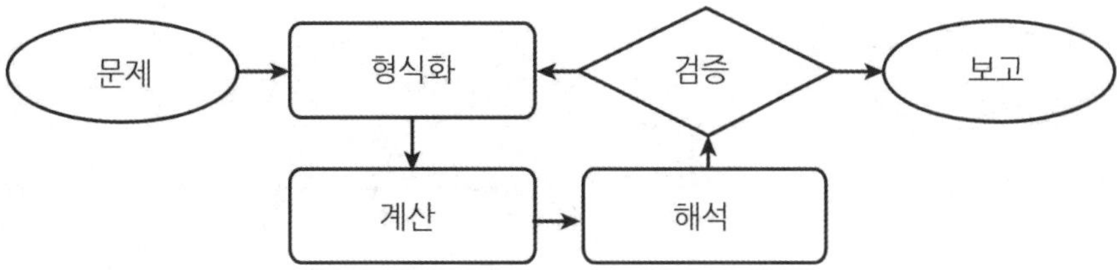

그림 2.8 CCSSM에 제시된 모델링 사이클

문제에 대해 활동하면서 전체적인 모델링 사이클을 따라야 한다. 그러나 이것은 CCSSM에 설명된 모델링 사이클의 맥락에서 무엇을 의미하는가? 다른 사이클에서 보았던 "현실" 또는 "수학 외적 세계", 그리고 "수학"은 어디에 있는가?(**그림 2.8**)

앞서 언급했듯이, 사이클 모델 내에서 현실과 수학의 구분은 수학적 모델링의 의미를 이해하는 데 도움이 될 수 있다. CCSSM에 제시된 사이클은 실생활에서 비롯된 문제가 모델링 활동을 위한 기초임을 명확하게 보여주지 않는다. "해석"이나 "검증"이라는 단어가 이 사이클이 모델링을 다루고 있다는 것을 설명해주지도 않는다. 또한 수학 내적 문제는 어떠한 실제 맥락 없이도 해석되고 검증될 수 있다. CCSSM에서 모델링에 대한 위의 특성을 참조한다면 현실과 수학이 사이클에 내포되어 있다고 가정할 수 있다. 이것은 실선과 점선을 통해 더욱 분명히 알 수 있다.

문제는 항상 현실(실선으로 표시)의 일부이며 다른 사이클에서는 "실제 상황"이라 부른다. 학습자는 주어진 문제에 대해 생각하고 가정을 해야 한다. 이어서 실제 상황을 단순화하고 구조화하고(과정은 화살표로 표시) 마침내 그것을 형식화한다. 형식화는 수학적 모델로 특성화될 수 있고, 그래서 수학의 일부이다(점선으로 표시). 보는 바와 같이, 이 사이클에는 단계로서 표시된 "실제 모델"은 없으며 문제에서 형식화로 바로 이동한다. 형식화에서 계산으로의 과정(과정은 화살표로 표시)에서 학습자는 최종적으로 모델을 계산하기 위해 수학적 역량 및 능력을 사용한다. 계산은 수학적인 단계이다. 이 모델에서 수학적 결과는 "계산" 단계에 포함되며 이 결과를 해석해야 한다. 예를 들어, $x=10$이 결과이고 문제의 맥락에서 거리를 나타내야 하는 경우, 해석은 $x=10$kg이 아니라 $x=10$miles이 된다. 이에 따르면 우리는 해석 단계에서 수학과 현실을 모두 가지고 있다. 검증은 해석보다 한 걸음 더 나아가며 실세계의 일부이다. 다른 사이클에서 "실제 결과"라고 불리는 용어는 CCSSM 사이클의 "검증" 단계에 포함된다. 결과가 의

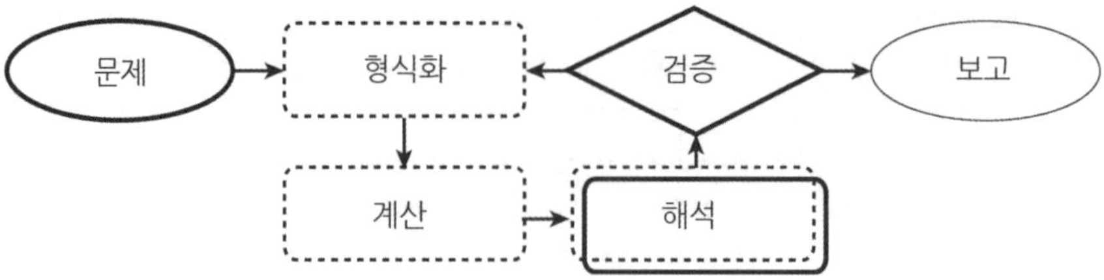

그림 2.9 모델링 사이클(CCSSM)－실선(현실), 점선(수학)

미 있고 학습자도 자신의 계산 과정을 검토하였다면, 그들은 결과를 보고한다. 보고서는 언어적으로 표현할 수도 있고, 적절한 추론과 함께 해법을 글로 작성할 수도 있다. CCSSM 모델링 사이클을 살펴보는 또 다른 방법은 진단 모델링 사이클의 번호가 매겨진 단계와 비교하는 것이다. 예를 들어 **그림 2.9**와 비교하면 1~3단계는 "형식화"에 포함되고 4~6단계는 각각 계산, 해석, 검증이라 볼 수 있다.

여러분이 모델링 과정의 단계를 알고 있는 한, 특정 모델링 사이클과는 관계없이, 학생과 모델링 활동을 할 준비가 잘 되어있다는 것이다. 학습 도구로서 모델링 사이클의 중요성은 다음 절에서 설명하겠다.

2.2.6 다목적 (그리고 메타인지적) 학습 도구로서의 수학적 모델링 사이클

학생들과의 실제적인 경험에 근거할 때, 네 단계의 사이클이 학생들이 수학적 모델링 과정을 이해하도록 돕는 개관을 제공하는 것이 분명하다. 더 많은 단계가 있는 사이클은 인지 과정에 대해 더 깊은 관점을 제공하여 교사에게 도움이 된다. 지금까지 학생들이 수학적 모델링을 배우는 데 가장 도움이 되는 사이클이 어떤 것인가를 조사한 실증적 연구는 없었다. 그러나 DISUM 프로젝트(Blum & Leiβ, 2007b)에서 한 가지 질문이 모델링 수업에서 모델링 사이클을 사용할 때 학생들의 모델링 역량이 증가하는가 하는 것이었다. 실험 집단과 통제 집단은 몇 개의 모델링 문제를 해결하였다. 실험 집단에는 모델링 사이클 한 가지(문제해결 계획, **그림 2.10**)가 제공되었고, 이것이 수업에 통합되어 학생들은 그것으로 활동해야 했다. 통제 집단은 문제해결 계획이나 다른 어떤 종류의 모델링 사이클도 받지 못하였다. 이 연구 결과들은 실험 집단의 모델링 역량이 통

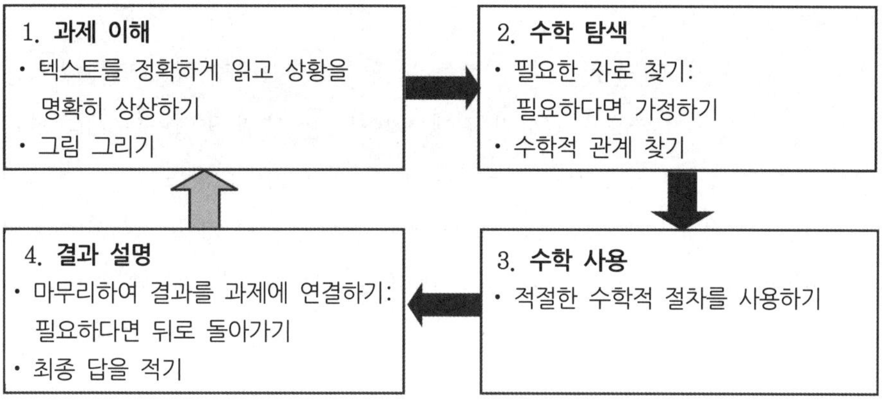

그림 2.10 문제해결 계획(DISUM 프로젝트)

제 집단보다 더 증가하였다는 것을 보여주었다.

DISUM 프로젝트의 문제해결 계획은 다른 모델링 사이클에서 사용되는 언어(실제 모델, 검증 등)를 중학생이 더 잘 이해할 수 있도록 시도한다. 동시에 학생들은 모델링 문제를 해결할 때 어떻게 해야 하는지에 대한 지시는 거의 받지 못하였다. 이것은 해결 전략 발달을 위한 초기에 의미가 있다. CCSSM의 모델링 사이클과 유사하게, 현실과 수학은 명시적으로 두 개의 “세계”로 나타나지 않으며, 이것이 단점이다. 학생들은 실세계 문제를 수학으로, 그리고 역으로 변환하는 것을 인식해야 한다. 이 사이클은 모델링 문제를 해결할 때 도입으로서 학습자들에게 도움이 될 수 있을 것이다. 나중에는 “실제 모델”, “수학적 모델” 등의 개념이 포함된 사이클을 사용해야 한다.

모델링 사이클이 수학적 모델링에서 교수 · 학습 과정의 일부가 되어야 하는 세 가지 주된 이유가 있다.

- 모델링 사이클은 수학적 모델링의 의미에 대한 이해를 제공한다.(수학적 모델링은 무엇을 의미하는가?)
- 모델링 사이클은 자신의 모델링 과정 내에서 방향을 제공한다.(나는 모델링 과정 중에 어디에 있는가?)
- 모델링 사이클은 자신의 모델링 과정을 돌이켜보며 메타인지수준에서 사고하도록 한다.(어떤 단계를 거쳤으며 어떤 단계가 빠졌는가?)

학생들에게 이러한 종류의 모델은 너무 복잡하므로 첫 번째 모델 활동 중에 사이클을 가르치는 것은 도움이 되지 않는다. 학생들은 개념에 익숙하지 않기 때문에 동기 부여가 되지 않을 것이다. 사이클을 도입하기 전에, 적어도 두 개의 모델링 문제를 해결해야 한다. 이를 통해 학생들은 새로운 종류의 문제에 대한 감각을 갖게 되고, 교사는 모델링 사이클을 도입하기 위한 가장 좋은 시점을 결정할 것이다. 사이클을 시행하기 위한 다양한 교수 접근법이 있다. 나는 워크숍을 통해 예비 교사와 현직 교사들과 함께 이 방법들을 실습해보았고, 마지막에는 학교에서 교사들이 이것을 가르치는 것을 관찰하였다.

- **이론** 기반 교수법(isolated or theoretic teaching approach)
- **예시** 기반 교수법(example bounded teaching approach)
- **과정** 기반 교수법(process bounded teaching approach)

이론 기반 교수법은 모델링 사이클을 실제 문제와 연결하기보다는 분리하여 소개하는 절차이다. 교사는 지도, 게시판 또는 프로젝터를 통해 사이클에 대한 시각자료를 제공하고 학생들이 무엇을 보고 이해하였는지를 묻는다. 학생들은 자신의 경험을 전에 했던 모델링 활동과 연결할 수 있다. 우선 학생들에게 모델이 적힌 종이를 제공하고, 그 모델에 대해 생각하게 한다. **혼자 생각하기-짝 활동-공유하기 교수법**을 사용하는 동안, 학생들은 여러 개념이 무엇을 의미하는지, 사이클이 무엇을 나타내는지를 토론하기 위해 몇 분 뒤 짝과 자신의 생각을 공유할 수 있다. 10분 후, 교사는 결과를 발표할 팀을 선택할 수 있다. 다른 팀들도 자기 생각을 덧붙여야 한다. 학습자는 실제 문제 또는 질문이 "실세계"에서 나오며, 문제를 해결하고 현실로 되돌리기 위해 "수학"이 필요하다는 것을 인식하는 데 아무런 문제가 없다. "실제 모델" 또는 "수학 모델" 같은 개념과 "단순화", "해석" 또는 "검증"과 같은 단계를 설명하는 여러 화살표에서 더 많은 문제가 발생한다. 이 현상은 대학생이나 현직 교사에게도 나타나므로, 학교의 학생들에게만 문제가 되는 것은 아니다. 한 가지 이유는 "모델" 자체의 개념 때문이다. 모델 개념은 "모델"이 복잡한 상황에 대한 단순화된 이미지를 나타낸다는 사실을 명확히 하는 데 실제로 도움이 된다. 더 잘 이해하려면 이전 수업에서 학생들이 수행한 모델링 활동을 직접 참조해야 한다. 이것은 그들이 해결했던 실제 문제가 아니라, 그들이 수행한 전 과정을 의미한다. 이어지는 모델링 수업에서, 모델링 사이클을 항상 모델링 문제와 연계하여 사용해야 한다. 학습자는 이제 모델링 과정에서 방향을 제공하며, 메타인지 수준에서 반성하고 생각하는 데 도움이 되는 도구를 갖게 된다. 처음에는 교사가 명시적으로 학습자가 자신의 모델링 과정을 반성하도록 독려해야 하며, 나중에는 학생들이 보다 독립적으로 수행할 것이다.

예시 기반 교수법에서, 교사는 모델링 사이클을 새로운 실제 문제와 함께 도입한다. 목적은 문제해결 동안 사이클의 여러 단계를 명료하게 하는 것이다. 먼저 학생들은 문제에 대해 생각해야 한다. 교사는 전체 토론을 토대로 하여 사이클 단계에 따른 해결 과정을 제시한다. 사이클의 각 단계를 설명하는 동안 "실제 모델" 또는 "검증"의 개념이 학습자에게 좀 더 명료해진다. 설명한 다음 교사는 학생들이 서로에게 모델링 사이클을 설명할 시간을 주어야 하며, 만약 여전히 명확하지 않다면 이러한 과정을 다시 한번 진행해야 한다.

과정 기반 교수법은 학습자가 먼저 모델링 문제를 받고 나서 학생들이 해결 방법을 찾기 시작한다는 점에서 이전의 접근법들과 다르다. 잠시 후 교사는 학생들에게 멈추라고 지시하고 보드에 모델링 사이클을 보여준다. 교사는 이 사이클이 모델링 과정을 나타낸다고 짧게 설명을 한다. 학생들은 계속해서 문제해결을 이어가면서, 단계와 모델링 사이클의 개념이 무엇인지, 현재 어떤 단계에 있는지를 브레인스토밍해야 한다. 그 과정에서 학생들은 사이클의 여러 단계가 무엇에 대한 것인지를 반성하고 이해한다. 끝으로, 한 그룹이 해결 과정과 아이디어를 보여주는 자신의 결과를 모델링 사이클의 어떤 부분에 관련되는지에 따라 분류된 각 단계와 함께 발표할 수 있다. 따라서 학교급에 따라 학습자들은 모델링 문제에 대한 교과 내용 분석을 하게 된다.

모델링 사이클은 연구에서 사용될 뿐만 아니라 일상의 모델링 지도에서도 중요하다. 학습자에게 모델링 사이클을 어떻게 소개해야 하는지에 대한 정해진 규칙은 없지만, 위에서 설명한 세 가지 교수법은 성공적이었으며, 여러분의 학교에서 어떻게 사용해야 하는가에 대한 아이디어를 줄 수 있다.

2.3 비선형성: 개별 모델링 경로

모델링 사이클은 한편으로는 모델링 과정에 대한 모델을 나타내고, 다른 한편으로는 모델링 과정이 처리되는 방식에 대한 이상적이고 선형적인 설명을 나타낸다.

그러나 실제로 개인의 모델링 과정은 선형적이지 않다. 이것은 여러 연구의 실증적 증거에 의해 뒷받침된다(예: Borromeo Ferri, 2007, 2010, 2011; Matos & Carreira, 1997; Garbraith & Stillman, 2006). 학습자의 모델링 1활동에 대한 미시적 과정을 조사하는 것은 개별적인 사고 과정을 더욱 깊게 알아보기 위해 인지적 관점을 취하는 것을 의미한다. 모델링이 복잡한 과정이라는 것을 여러 번 언급했지만, 이 측면은 모델링 과정의 특정 단계 또는 특히 개별 모델링 경로를 분석할 때 더욱 중요해진다. 9학년, 10학년 학생 대상의 실증적 연구(COM² project)(Borromeo Ferri, 2007, 2010)를 토대로 한 개별 모델링 경로라는 현상의 재구성은 주요 연구 결과였으며 나는 그것을 다음과 같이 설명한다. “이것은 내적 또는 외적 수준에서 개별 모델링 과정이다. 개인은 자신의 선호에 따라 특정 단계에서 모델링 과정을 시작한다. 그리고 특정 단계에 집중하거나 다른 단계는 무시하기도 하면서 여러 번 또는 오직 한 번만 여러 단계를 거친다. 인지적 관점에서 좀 더 정확하게 말하면, 우리는 모델링 경로의 출발점과 과정에 대한 재구성을 위해 구두 발언이나 외적 표현만을 참조할 수 있으므로 가시적인 모델링 경로에 대해 말해야 한다.”(Borromeo Ferri, 2007, p.265)

2.3.1 가시적인 모델링 경로와 수학 외적 경험의 영향

COM² 프로젝트의 한 가지 주요 연구 문제는, 만일 (모델링에 관한 교수학적 문헌에 설명된 대로) 상황에 대한 정신적 표상, 실제 모델, 수학적 모델과 다른 단계 사이의 차이가 학습자의 처리 방식에 따라 재구성될 수 있는지였다.

COM² 프로젝트는 수업 연구와 이 수업 내에서 각각의 개인 및 해당하는 모둠의 학생에 대한 분석을 결합한 질적 연구이다. 이 연구를 위해 다양한 독일 중학교 10학년 세 개 학급이 선정되었다. 표본은 86명의 학생(자료 수집 첫 단계에서 65명, 두 번째 단계에서 추가로 26명)과 3명의 교사(여교사 2, 남교사 1명)였다. 사용된 모델링 문제(예: "짚더미")가 핵심이었다. 그것은 교과 내용, 인지적 과정, ("진단") 모델링 사이클의 세 관점으로 분석되었다. 모든 수업은 녹화되고 전사되었다. 학생들의 진술이 그들이 활동하는 모델링 사이클의 단계에서 해당 측면에 관해 분석되었다. 모든 개별 학생의 진술을 코딩(Strauss & Corbin, 1990)하여, 개별 모델링 경로를 재구성할 수 있었다. (2.1절에서 소개된) "짚더미" 모델링 문제에 대해 나는 이제 이 연구의 두 학생(D와 A1)을 예로 들어 개별 모델링 경로가 의미하는 것과 수학 외적 지식의 영향력을 명확히 하는 방법을 더 자세히 설명할 것이다.

학생 D와 학생 A1은 5명 모둠에서 함께 활동했고, 이 모둠 내에서 매우 적극적이었다. 두 학생 모두 모델링 문제에 대한 경험은 비록 적었지만 많은 의견을 제시하였다. 그래서 활동 초기에 학생 D는 "계산할 수가 없어서 풀 수가 없어요!"라고 말했다. 학생 D가 그렇게 말한 직후에, 핵심 아이디어를 형성했고, 모둠에서 최초로 그것을 형식화하였다.

> 사람의 키에 대해 생각해 봐야 해.

이 말에서 누군가는 상황에 대해 지녔던 정신적 표상을 재구성할 수 있다. 그는 이 시점에서 문제를 단순화하지는 않았고, 모둠의 한 여학생에게 다음과 같이 말하였다.

> 그 사람은 아마도 너만한 것 같아.

이것은 실제 모델이라 할 수 있는데, 왜냐하면 그가 문제를 구조화하는 방법에 대한 명확한 아이디어를 가졌기 때문이다. 이 이후에 흥미로운 것은 학생 D가 "그래, 그렇지만 우리는 어떤 수도 가지고 있지 않아!"라고 말했다는 점이다.

분석적 사고와 형식적 사고를 선호하는 학생 D는 문제에 주어지지 않은 사실과 수에 집중하였다. 이것이 과제에 대해 활동한 초기 몇 분 동안에도 학생 A1에게는 문제가 아니었다. 통합적 사고자인 학생 A1은 시각적 사고 양식과 분석적인 사고 양식의 요소를 결합하였다. 학생 D가 그 진술을 반복하고 잠시 후 학생 A1은 모둠원들에게 다음과 같이 말하였다.

> 봐봐, 지금 저 사람이 서 있다고 상상할 수 있지? 그렇지?

이것은 상황에 대한 정신적 표상 단계의 정말로 완벽한 예시이다. 학생 A1은 계속 말하였다.

> 이제 서 있는 사람에 대해 생각해 봐, 그 사람이 여기 서 있다는 것은 그 사람이 짚더미만큼 크다는 것을 의미해.

학생 A1이 모둠원들을 위해 자신의 표상을 아주 시각적으로 만드는 방법은 흥미롭다. 그런 직후에, 학생 D는 어림한 수학적 결과를 제시했다.

> 내가 어림하기에, 그 높이는 전부 합해 10m 정도 될 것 같아. 왜냐하면, 짚더미 하나의 지름이 2m 정도 되기 때문이지.

학생 D는 암묵적인 수준에서 수학적 모델을 형성했고, 수학 내적 역량으로 덧셈을 사용하였다. 그러나 모둠원 대부분은 짚더미는 2m보다 작을 것이라는 의견을 냈다. 모둠은 본질적으로 검증 단계에서 학생 D의 결과를 받아들이지 않았고, 그래서 학생 D는 다시 비교하기 시작했다. "줄리아(학생 J1), 너 키가 얼마니?" 실제 모델에서 시작하는 새로운 모델링 과정을 시작한 것이다. 학생 J1은 키가 1.65m라고 말하였다. 학생 D는 그 사람이 학생 J1보다 10cm는 더 클 것이라고 결론짓고, 다른 모둠원들에게 짚더미 하나가 그 사람보다 더 클 것이라는 확신을 주려고 애썼다. 학생 A1은 그 의견에 동의하지 않았고, "아니!"라고 답하였다. 이 "아니!"는 학생 A1이 처음에는 표현하지 않았던, 짚더미에 대한 언어화된 지식의 시작이었다. 이제 학생 A1이 자를 가지고 짚더미를 측정하기 시작하였다. 학생 A1이 수학적 모델 단계에 있었다고 해도 그 주장은 시각적 수준의 것이었다.

"만일 그게 10cm라고 상상한다면 실제로는 1.50m일 거야." 학생 D는 실제 상황으로 되돌아가며 훌륭한 아이디어로 답하였다.

"이 짚더미가 눌린다는 것을 생각해야 해! 짚더미는 실제로 서로 끝이 맞춰져 있는 것이 아니라 겹쳐지는 부분이 있으니까." 이것은 학생 A1에게 수학 외적 지식에 대해 더 많은 것을 말하게 하는 자극이 되었다. 학생 A1은 다음과 같이 답하였다.

> 그래. 공기가 짚더미를 지나가야 하니까, 딱딱하지 않아! 만일 이 겹쳐지는 부분을 자르면 1/4이 될 거야.

이 진술에 기초하여 학생 A1과 학생 D, 다른 몇몇 모둠원이 이를 계산했고, 그 결과를 반올림하는 것에 대해 논의하였다. 그러나 학생 A1은 더 정확하게 높이를 구하기를 원했고, 짚더미가 눌린다는 사실 때문에 그 높이는 분명히 줄어든다는 것을 다른 모둠원들에게 확신시키려고 하였다. 학생 A1의 지식은 지금까지는 암묵적인 수준에 있었다. 다음 대화는 그의 경험이 모델링 경로에, 따라서 실제와 수학 사이의 변환에 영향을 준다는 것을 분명하게 보여준다.

> 학생 J1: 나는 만일 짚더미가 눌린다면 실제로 어떤 영향을 줄지 모르겠어.
> 학생 S1: 나는 짚더미가 눌릴 정도로 무겁다고는 생각하지 않아.
> 학생 D: 짚더미 위에 앉아본 적 있니?
> 학생 J1: 5학년 때 소풍에서 저런 짚더미 위에 올라갔었어.

학생 J1은 자신의 "실생활 경험"을 통해 명확히 하기를 원하였다. 그러나 학생 A1은 다른 경험을 했기 때문에 "나는 농장에서 자랐거든, 내게 어떤 것도 얘기하지 마!"라고 주장하였다.

그런 다음 학생 D는 6m라는 또 다른 결론을 내렸는데 그것은 학생 A1에게는 흥미롭지 않았다. 학생 A1은 만일 이 짚더미가 젖는다면 어떤 일이 일어날지 얘기하고 싶어, 이어서 건초와 짚의 차이점을 다른 모둠원들에게 설명하였다. 이 지식과 경험을 통해 그가 왜 짚더미의 높이를 그렇게 정확한 방법으로 구하기를 원했는지가 분명해졌다. 이

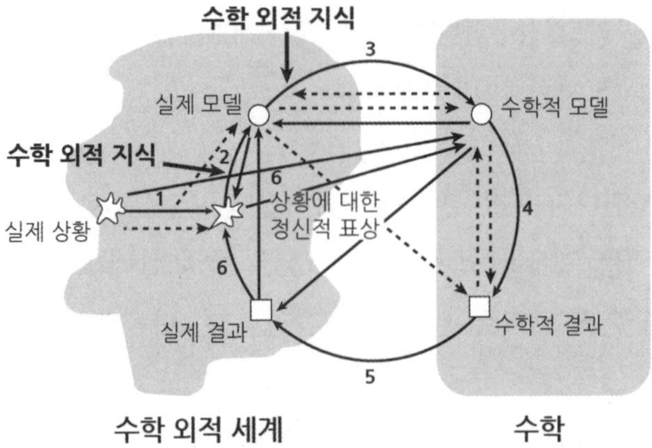

그림 2.11 학생들의 개별 모델링 경로(Borromeo Ferri, 2010)

것은 학생 A1에게 다른 사람들에게보다 훨씬 더 실제적인 결과였다.

모델링을 하는 동안 학생 A1과 학생 D의 이러한 진술과 행동은 **그림 2.11**의 모델링 사이클에서 개별 모델링 경로로서 나타났다. 이 경로는 해당 단계에서의 변화는 보여주지만, 학생들이 각 단계에 얼마만큼의 시간을 소요하는지는 보여주지 못한다. 그림에는 전체 해결 과정 중 일부분만이 나타난다는 점을 기억하자.

그림에 나타낼 수는 없지만, 해결 과정의 시간 덕분에 학생 D와 학생 A1은 문제를 모델링하는 동안 심화된 진술을 할 수 있었다. 두 학생의 진술을 염두에 두고, 학생 A1 학생 A1의 모델링 경로를 살펴보면, 상황에 대한 정신적 표상에서 실제 모델로 변환하고 수학으로 들어가기 전에 다시 실제 상황으로 변환함으로써 초반에 현실 세계에서 오랜 시간을 보냈다는 것이 명확해진다. 그러나 학생 D는 앞서 설명한 대로, 실제 모델에서 수학적 모델로, 심지어 수학적 결과로 빠르게 변환하였다. 그러고 나서 새로운 수학적 모델을 만들기 위한 실제 모델을 수정하기 위해 현실로 돌아갈 시간이 필요하였다.

수학 외적 지식과 경험은 학생들의 모델링 경로에 영향을 줄 수 있다. 학생 A1은 종종 현실로 돌아가는데, 그 이유는 자신이 추가적인 경험을 했기 때문이다. 실제 상황에 대한 명확한 정신적 이미지 탓에 그는 결과를 매우 정확하게 결정하였다. 분석적 사고자인 학생 D는 결과를 어림하는 것에 더 집중하였다. 그는 짚더미에 대한 경험이 거의 없었기 때문에 학생 A1만큼 명확한 그림을 그리지도 못하였다. 과제 맥락이 모델링 문제해결에 미치는 영향은 3.3절에서 더 자세히 다룬다.

2.3.2 학습자와 교사의 수학적 사고 양식과 모델링 경로

COM[2] 프로젝트에서 또 다른 초점은 학습자와 교사의 모델링 과정을 분석하는 것에 있으며, 연구 문제는 다음과 같았다.

- 학습자와 교사의 수학적 사고 양식이 수학 수업에서 모델링 과정에 어떤 영향을 미치는가?

학생 D와 학생 A1의 모델링 경로에 대한 설명에서 그들이 선호하는 수학적 사고 양식을 언급했었다. 학생 D는 분석적 사고자였고, 학생 A1은 통합적 사고자였다.

그러나 수학적 사고 양식은 무엇이고, 수학적 모델링의 교수·학습에 대해 아는 데 왜 이것이 중요한가?

나는 중학교 학생들을 대상으로 했던 몇 가지 실증적 연구에 근거하여(Borromeo Ferri, 2004, 2007, 2010), 수학적 사고 양식을 다음과 같이 특징지었다. "수학적 사고 양식은 개인이 특정 내적 이미지 및 외면화된 표현을 통해 수학적 사실과 연결을 제시하고 이해하고 생각하기 위해 선호하는 방식이다. 그래서 수학적 사고 양식은 1) 내적 이미지와 외면화된 표현, 2) 전체적인 처리 방식과 분절적인 처리 방식이라는 두 가지 요소에 근거한다(Borromeo Ferri, 2004, 2010)."

"수학적 사고 양식" 구성의 주요한 특징은 능력과 선호 사이의 구분이다. 수학적 사고 양식은 어떤 사람이 수학을 얼마나 잘 이해하는지에 대한 것이 아니라 수학을 이해하고 학습하기 위해 선호하는 방식에 대한 것이다. 이러한 접근은 "사고 양식"에 대한 Sternberg의 이론에 근거한다. Sternberg(1997)에 따르면, "양식은 사고방식이다. 그것은 능력이 아니라 가진 능력을 사용하면서 선호하는 방식이다." 그것은 사고 양식이 불변의 것으로 간주되지 않고 시간, 환경, 생활 요구에 따라 변한다는 것을 의미한다. "선호"라는 용어를 모델링과 관련하여 생각해보면 '여러분과 여러분의 학생들은 모델링하거나 모델링 사이클을 따라 처리할 때 어떤 방식을 선호하는가?'와 같은 흥미로운 질문을 할 수 있다. 대부분은 무의식 수준에서 모델링을 하고 그래서 보통은 모델링에 대해 다른 사람이 선호하는 방식을 쉽게 알아차릴 수 없다. 그러나 나는 여러분에게 분석적, 시각적, 통합적 사고 양식을 선호하는 학생과 교사의 모델링 과정에 대해 심화하여 생각할 수 있는 아이디어를 제시하고 싶다.

수학적 사고 양식에 대한 나의 실증적 연구에서(Borromeo Ferri, 2004), 그 목적은 짝과 문제해결하는 과정에서 9학년, 10학년 학생들의 분석적, 시각적, 통합적 사고 양식을 재구성하고 특징짓는 것이었다. 이 연구 설계는 (선호) "양식" 자체의 개념뿐만 아니라 (시각적, 분석적, 개념적) 표현과 (전체적, 분절적) 처리 방식을 파악하기 위해 매우 복잡하였다. 이 정보는 회상 자극과 인터뷰를 통해 얻었다. 목표는 선호들을 재구성하는 것뿐만 아니라 문헌(예: Hadamard, 1945; Skemp, 1987; Burton, 1995)에서 찾을 수 있는 사고의 개념이나 분류에 의해 고무된, 시각적 사고자 또는 분석적 사고자가 무엇을 의미하는지에 대한 설명을 찾는 것이다.

이 첫 번째와 후속 연구에 기초하여, 시각적, 분석적, 통합적 사고 양식의 특징에 대한 실증 기반 설명은 다음과 같이 발전될 수 있었다.

- **시각적 사고 양식**: 시각적 사고자는 독특한 내적인 그림 이미지와 외면화된 그림 표현에 대한 선호뿐만 아니라 전체적 표현을 통한 수학적 사실과 연결의 이해에 대한 선호를 보인다. 내적 이미지는 주로 그들이 경험한 상황과 매우 연계되어 영향받는다.
- **분석적 사고 양식**: 분석적 사고자는 내적인 형식적 이미지와 외면화된 형식적 표현에 대한 선호를 보여준다. 그들은 기호적 또는 구어적 표현을 선호하여 수학적 사실을 이해할 수 있고, 일련의 단계로 처리하는 것을 선호한다.
- **통합된 사고 양식**: 이 사람들은 시각적 사고 양식과 분석적 사고 양식을 결합하고 다양한 표현 또는 처리 방식 사이를 융통성 있게 바꿀 수 있다.

개개인은 특정 수학적 사고 양식을 선호하고, 이것은 개별 학습자의 모델링 행동 또한 양식의 영향으로 인해 매우 다를 수 있다는 것을 매우 강하게 나타냈다. 그러나 이것이 더 복잡한 모델링 과제와 실험 설계가 아닌 정규적인 수학 수업 내에서 얼마나 그러한지는 여전히 열려있는 질문이었다. 이 질문에 답하는 것이 COM^2 프로젝트의 한 가지 중요 목적이었다.

학생 D와 학생 A1의 개별 모델링 경로는 그들이 세 가지 모델링 문제를 다룰 때 시각적, 분석적, 통합적 사고자를 위해 재구성될 수 있는 패턴의 일부를 보여준다. 그 미시 분석의 결과들은 다음과 같은 구조적인 특징을 보였다.

- 분석적 사고자들은 과제를 더 잘 이해해야 할 필요가 있을 때 대개 수학적 모델로 즉시 변경하고 이후에 다시 실제 모델로 돌아간다. 그들은 주로 형식적인 방법으로 작업하며 주어진 실제 상황의 수학적 측면을 더 잘 "지각"한다.
- 시각적 사고자들은 대부분 그림으로 상황을 상상하고 그림 그리기를 사용한다. 모델링 과정에서 심지어 수학적 모델 내에서 활동하고 있을 때도 그들의 추론은 보통 매우 생생하다. 그들은 종종 주어진 모델링 사이클을 따른다.
- 통합적 사고자들은 현실과 수학 사이의 균형을 보였다.

예를 들어, 학습자의 선호된 수학적 사고 양식에 따른 이 다양한 모델링 행동에 대한 지식은 교사로 하여금 학생이 실제 모델을 형성하는 것을 어려워하거나 검증하는 것을 어려워하는 이유를 이해하도록 돕는다. 실제 모델을 형성하는 것이나 검증하는 것을 어려워하는 이유를 이해하기 위해서는 모델링에 대한 하위 역량이 필요하다. 만일 분석적 사고자가 매우 강한 내적 수학 역량을 보이고 과제를 읽은 후 매우 빠르게 수학적 모델을 알아내지만 실제 상황을 전혀 상상할 수 없다면 교사는 이 학생을 돕는 방법을 알게 될 것이다. 물론 교사는 학생들의 수학적 사고 양식에 대해 알아야 한다. 부록에서 수업에 사용할 수 있는 수학적 사고 양식 검사지를 찾아서 여러분의 학급에 적용하고 그 결과를 학생들과의 직접적인 경험에 맞춰 보아라(추가 문항을 포함한 전체 설문지는 Borromeo, 2015 참조). 교사가 학습자의 선호하는 사고 양식에 대해 알게 된다면 모델링 과정을 더 잘 이해하게 될 것이다. 3.2절에서는 모델링 역량과 그 향상 및 유도 방법에 관한 더 상세한 내용을 알아볼 것이다. 그러면 여러분은 학생의 부족한 하위 역량을 진단하기 위해 개별 모델링 과정이 필요하다는 것을 이해하게 될 것이다.

2.3.3 수업에서 모델링 활동 중 교사의 행동

학습자가 자신의 모델링 과정에 영향을 미치는 수학적 사고 양식을 선호하는 것처럼 수업에서 모델링 문제를 다루는 교사의 행동 또한 이 효과에 좌우된다.

COM^2 프로젝트에서 세 명의 교사는 각기 다른 수학적 사고 양식(분석적, 시각적, 통합적)을 선호하였다. 그래서 개인별로 수학적 사고 양식을 재구성하기 위해 몇몇 교사들과 집중 인터뷰를 하였고, 최종적으로 3명의 교사(여교사 2명과 남교사 1명)와 그들의 수학 수업이 연구를 위해 선택되었다. 교사 배경에 대한 질문, 수학적 신념 및 대학에서 수학 수강에 대한 질문, 현재의 수학관 또는 교직 과정에서 수학관이 변경되었을 수도 있는 이유와 같은 추가적인 자료를 수집하였다. 수업이 비디오 녹화되는 동안, 교사는 학생의 모델링 과정에 영향을 줄 가능성이 있는 교사의 도움 또는 제안을 기록하기 위해 녹음기를 장착하도록 하였다. 수업 녹화를 마치고, 교사의 행동을 평가하고, 교사들이 특정한 방법으로 행동한 이유를 묻기 위해 각각의 교사는 수업에서 자신의 일련의 행동을 보면서 회상하였다.

모델링을 다루는 다양한 행동이 "이론적 코딩"(Strauss & Corbin, 1990)과 "이상적인 유형의 재구성"(Weber, 1973) 등 풍부한 자료로부터 재구성될 수 있었다. 학생들이 선호하는 수학적 사고 양식에 따라 각기 다양한 개별 모델링 경로를 참조하여, 유사한 행동 패턴이 분명해졌다. 시각적 사고자인 여교사는 주로 실세계 관점에서 행동하고 말함으로써 학생들이 문제에서 주어진 실제 상황을 시각화할 수 있도록 도와주었다. 분석적 사고 양식을 선호하는 남교사는 모델링 문제를 해결하는 데 필요한 수학을 강조하면서 추상적인 수학적 수준에서 소통하였다. 통합적 사고자였던 다른 여교사는 더욱 균형 잡힌 방식으로 행동하였다. 이 교사는 학생들의 모델링 활동 동안 자신의 수업과 개입 내에서 현실과 수학 모두를 강조하였다. 이 세 가지 유형의 교사 모델링 행동을 제시하기 전에 이 장의 끝에서 여러분 스스로가 교사들을 분류해 보도록, 본질적인 조사 결과를 다음과 같이 형식화한다.

- 교사들은 모델링 동안 특정 단계를 선호한다. 다양한 수학적 사고 양식과 선호하는 표상이 수학적 모델링을 가르치는 동안 교사들의 초점에 암묵적으로 영향을

미친다.

유형 I : 반성적 형식자(Retrospective formalizer)
이 유형은 해법의 **형식화**뿐만 아니라 추상성 수준과 형식적 정확성과 관련한 수학적 측면의 강화에 초점을 맞춘다. 검증과 실제 사실과의 비교는 배경이 된다.

유형 II : 실제적 검증자(Realistic validator)
이 유형에서 실제 상황에 대한 강력한 참조는 언어화되거나 그래픽적이며, 활기차고 생생한 그림과 표현으로 풍부해진다. 형식화는 중요도가 낮다.

유형 III : 형식적-실제적(Formalistic-realistic)
이 유형은 형식적-수학적인 것과 현실에 기반을 둔 측면 사이의 균형으로 **특징지어진다**. 실세계는 항상 수학 세계와 관련하여 보이는 현상이다.

모델링 수업에서 교사 부분을 보기 전에는, 그들은 대부분 교실에서 모델링 문제를 다루는 행동을 인식하지 못하였고(Borromeo Ferri & Blum, 2009b 참조), 따라서 수학 세계 또는 실세계 측면에 집중한 것을 의식하지 못하였다. 현실과 수학 사이에서 좀 더 균형 잡힌 수학적 모델링 지도를 하기 위해 (시각적 사고와 분석적 사고를 선호하는) 교사 두 명의 예시를 아래에 제시한다.

2.3.4 교사 P : 반성적 형식자

교사 P는 경력 있는 고등학교 교사로 전공은 수학, 부전공은 물리학이었다.[8] 그는 보통 실세계 문제들을 물리 수업에는 사용했지만, 수학 시간에는 사용하지 않았다. "수학은 당신에게 무엇을 의미하나요?"라는 질문에 그는 다음과 같이 답하였다.

… 수로 활동하는 것, 변수로 활동하는 것, 논리적 사고, 논리적 관계를 만드는 것,

8) 독일의 교사 교육에서는 대학에서 두 과목뿐만 아니라 교수 실제, 심리학, 일반 교육학과 관련 교과 교수법(예를 들어 수학교육 또는 생물교육 등)을 수강해야 한다.

그리고 또한 현실과의 연결이죠. 저에게 수학은 물리학의 언어입니다.

"수학에 대한 어떤 관점을 학생들에게 전하고 싶은가요?"라는 질문에 대한 그의 생각은 매우 흥미로웠다.

> 학생들은 주로 구조를 알아내기 위해 학습하는 것이고, 저는 물리 교사이기도 하므로 대개 물리학을 통해 현실과의 연결을 제시합니다. 그러나 수학에서는, 학생들이 구조에서 생각하는 법을 배워야 하고, 공식을 알아내고 만들기 위해 이 구조 내에서 "활동할" 수 있어야 한다고 믿습니다.

때때로 교사가 하고 있거나 생각하고 있는 것을 설명하는 개별적인 진술은 수업에서 실제 행동과 일치하지 않는다. 교사 P에 대한 관찰은 그가 선호하는 사고방식이 학생들과 행동하는 방식에 영향을 준다는 것을 보여주었다. 보통 두 모둠이 칠판에 모델링 문제에 대한 결과를 발표하였다. 교사 P의 전형적인 반응은 다음과 같았다.

> 정말 잘했어요. […] 그러나 내가 수학 교사로서 놓치고 있는 것은 여러분이 더 많은, 더 추상적인 용어를 사용할 수 있으며 수뿐만 아니라 공식을 쓸 수 있다는 것이죠. 여러분이 용어를 사용하거나 변환하고 나아가 공식을 얻게 될 때 이 방법은 물리학자와 수학자들이 선호하는 사고방식에 더욱 대응합니다. […] [교사 P는 이 말을 한 후 학생들과 공식을 만들었다.]

특히 학생들이 문제를 해결하기 위해 간단한 모델을 사용했을 때 교사 P는 자신이 놓쳤다고 생각했던 수학적 측면을 강력하게 나타냈다. 분석적 사고자로서 교사 P는 해석과 검증에 덜 집중하였다. 그에게는 해법을 추상적인 방정식의 형태로 형식화하는 것이 중요하였다. 따라서 실제 상황은 덜 중요하다.

2.3.5 교사 R: 실제적 검증자

교사 R 또한 고등학교 교사로서 오랜 경력을 지니며, 부전공은 영어이다. 자연과학으로서의 수학과 수학교육은 교사 R에게 다른 분야의 이야기였다. 가르치는 것을 매우 좋아하는 교사 R은 수학 지도에 열성적으로 참여하였다. 수학이 자신에게 무엇을 의미하는지에 대해 인터뷰에서 다음과 같이 설명하였다.

> … 흥미로운 과목, 논리적 사고, 연결 짓는 것. 그리고… 과제, 맞아요, 과제도 수학에 속해요.

"수학에 대한 어떤 관점을 학생들에게 전하고 싶은가요?"라는 질문과 관련하여 자신의 사고방식이 반영된 더 자세한 설명을 하였다.

> 만일 학생들이 전체적인 관점을 유지한다면 수학이 나아지리라는 것을 그들도 알고 있습니다. 종종 저는 제가 수학을 좋아한다고 학생들에게 말합니다. 저는 형식주의자는 아닙니다. 과제를 받으면 제가 첫 번째로 하는 것이 그림 그리기입니다. 제게는 학생들이 모든 것을 형식적으로 옳은 방식으로 하는 것은 그다지 중요하지 않지만, 다만 수학이 학생들의 사고방식에 도움이 될 수 있다는 것을 이해하길 바랍니다.

교사 R이 지난번에 언급한 측면이 모델링 수업 동안 명확해졌다. 학생들이 제시한 결과에 대한 교사의 전형적인 반응은 다음과 같았다.

> 이제 우리는 다양한 해법을 알게 되었습니다. 그러나 내가 지금까지의 논의를 통해 알아낸 것과 놓친 것은 여러분이 현실에서 일어나는 것에 대해 생각하지 않는다는 사실입니다. 실제 문제와 상황을 스스로 상상하면서 시작해봅시다. 2km? 그게 얼마나 됩니까? 등대의 불빛에 비해 짧습니까?

교사 R은 주로 모델링 문제의 현실 기반 측면을 논의하였다. 물론 그녀는 수학적으로 활동하지만, 교사 P와 달리 수학이 초점은 아니었다. 시각적 사고자로서 교사 R은 학습자들과 모델링 과정을 해석하였고, 무엇보다 검증을 하였다.

3장

과제 역량: 지도의 유연성을 위해

처음 모델링 문제를 개발하는 것은 도전이었다!
우리 모둠은 해냈고 결국 잘 수행하였다.
내 생각에 스스로 직접 모델링을 해보는 것과 모델링 문제를 개발하는 것은
모델링이 실제로 무엇을 의미하는지 이해하는 데 도움이 된다.
여러분도 그것을 느껴봐야 한다.
— 예비 교사 C3

과제는 수학 수업의 핵심이다. 수업을 위한 과제의 선별과 질은 학생들의 수학적 이해 및 수학적 실습과 역량 촉진에 필수적이고, 수업 설계와 여러 교수법 사용의 기초가 될 수 있다. 모델링 코스에 참여했던 예비 교사 C3의 말에서 떠올릴 수 있듯이 여러분에게 이 장은 도전일 것이다. 특정 수학적 주제를 다루기 위해 수학적 과제를 개발하는 것은 결코 사소한 일이 아니며, 시간이 필요하다. 많은 교사가 학교에서 일상 업무로 인해 학생들을 위한 모델링 문제를 제작할 여유가 거의 없다. 따라서 수학적 과제, 특히 모델링 문제를 포함하는 우수한 양질의 교육 자료의 필요성이 크다. 이러한 자료의 지원이 있다면 여러분은 일상적인 지도에 모델링을 통합할 수 있을 것이다. 특히 학교 일상에는 업무가 많으므로 모둠으로 모델링 문제를 개발하기 위해 현직 교사는 최소한 모델링 워크숍 동안, 예비 교사는 대학 세미나에서 시간을 확보하는 것이 중요하다. 더욱이, 모델링 사이클의 단계에 따라 여러 가지 해결 단계를 분류하고, 학생들이 모델링하는 동안 겪을 수 있는 어려움을 반영하는 것을 배운다. 과제 개발 초기에는 참가자들이 숙련된 교사일지라도 연령별 모둠에 적합한 맥락, 활동 시간과 관련된 과제의 복잡성 및 학생들이 문제를 모델링하는 데 필요한 추가 자료에 대해 생각할 시간이 필요하다. 새로운 모델링 문제를 개발하는 대안으로서, 주어진 수학적 과제(예를 들어, 교과서 문제)를 모델링 문제로 변형하는 것은 모델링 문제의 특징을 이해하거나 "일반적인" 수학적 문제와 구별하는 또 다른 방법이다. 마지막으로, 이 활동을 할 때 수학적 문제해결과 수학적 모델링 사이의 차이점이 분명해진다. Lesh & Zawojewski(2007)는 문제해결과 수학적 모델링의 차이에 대해 언급하였다. Lesh & Doerr(2003) 또한 알려진 알고리즘으로 해결할 수 없어서 전략이 필요하다는 점(Schoenfeld, 1994)에서, 모든 모델링 문제 역시 "문제"라는 것을 분명히 하였다. 수학적 문제는 수학 내적 측면에 매우 초점을 맞추지만 맥락을 가질 수도 있다. 모델링 문제는 수학 외적 세계에서 비롯된 실생활 문제로 정의된다. 그래서 실제 맥락이 없다면 수학적 모델링 문제에 대해 말할 수 없다. 모델링 문제를 위한 추가적인 기준은 추후 보일 것이다.

실증 연구(COACTIV 연구; Baubert & Kunter, 2013)에서 9학년 학생들의 성취가 교사가 수업 중 사용하는 수학적 과제의 질과 강한 상관관계가 있다는 것이 분명해졌다. 이 맥락에서 '질'이란, 개방형 과제와 폐쇄형 과제 형식에 포함된 몇 가지 실천(예: 추론, 의사소통)[9]을 촉진하기 위해 과제의 인지적 요구도가 높다는 것을 의미한다.

COACTIV 연구의 결과는 교사가 학생의 수행을 평가할 방법이 얼마나 다양한지 보여준다. 수행 평가 양식은 교사가 수업, 특히 평가에서 선택한 수학 과제에 좌우된다. 적절한 과제에 대한 지식을 가진 교사는 학생들에게 실천과 역량을 지원하는 다양한 가능성을 제공하는 인지적 요구도가 높은 과제를 선택하였다. 이 과제들은 잘하는 학생들에게 도전이며 그렇지 않은 학생들을 격려한다.

모델링 문제는 맥락 및 현실과 수학 사이의 변환 때문에 인지적 요구도가 높지만, 마찬가지로 그 자체가 수준별로 분화된다. 이것은 동일한 모델링 문제를 더 잘하거나 그렇지 않은 학생들에게 적용할 수 있다는 것을 의미한다(3.2절 참조). 개방형 문제 형식을 사용하는 모델링 문제는 특히 분수 법칙 연습과 같은 폐쇄적이거나 순수 수학 내적 과제와 비교할 때, 여러 수준을 다루는 교사에게 통제되지 않는 요소를 제공한다. 그러나, 내 경험상 이것은 처음 모델링을 가르치기 시작할 때에만 문제가 된다. 일단 여러분이 학생들과 처음 세 가지 모델링 문제에 대해 활동하고 나면 학습자들이 어떻게 반응하는지, (복잡성에 따라) 모델링 문제에 얼마나 오랜 시간이 필요한지, 어떤 질문을 하는지 감을 잡을 것이고, 이것은 여러분이 더 많은 모델링 과제를 시도하도록 동기를 부여할 것이다. 여러분이 대답할 수 없다고 느낄지도 모르는 "질문에 대한 두려움"을 더는 가질 필요가 없다. 이 두려움은 종종 실제 문제와 수학 외적 맥락, 또는 학생들이 가질 수 있는 크고 복잡한 수학적 아이디어 및 연결 때문에 생긴다. 또한, 여러분이 각각의 과제를 수업에서 제시하기 전에 미리 수행한다면, 모델링 과정, 문제해결을 위해 가능한 몇 가지 모델, 발생할 수 있는 어려움에 대해 학생들이 모델링 문제를 받기 전에 알게 될 것이다.

이것이 모든 학년에서 모델링을 가르치는 데 과제 역량이 필요한 이유다. 나아가 과제 역량은 여러분의 수업을 유연하게 이끈다. 수학적 모델링은 협력 학습 방법과 매우 잘 어울린다(Johnson & Johnson, 1999). 모델링 문제의 실제 맥락 때문에, 간학문적 교수(Williams et al., 2016)와 팀 티칭 또한 가능하다. 예를 들어 수학 교사와 사회과 교사는 교육이나, 직장 급여 등에 관련된 질문을 다루는 모델링 문제를 프로젝트로 함께 시작할 수 있다. 과제 역량과 지도 역량은 서로 긴밀하게 연결되어 있다. 따라서 4장에

---

9) 역자 주: 수학적 실천(mathematical practice)을 의미한다. 수학의 내용과 구별되는 과정 요소로서, 2009 개정 수학과 교육과정에서의 수학적 과정, 2015 개정 수학과 교육과정에서의 수학 교과 역량에 해당한다.

서 모델링 수업이 적절한 지도를 기반으로 어떻게 구조화될 수 있는지 보이기 위해 더 많은 예를 제공할 것이다. 예비 교사와 현직 교사가 내 워크숍과 세미나에서 학생들을 위한 새로운 모델링 문제를 개발한 활동에 초점을 맞추겠다. 좋은 모델링 문제를 얻기 위해 고려해야 할 여러 측면이 있으며, 그 문제를 며칠 후 수업에서 사용해야 한다. 그러나 과제 개발 전에 중요한 지침과 이론적 배경이 제시되어야 하며, 이것은 3.1절에서 강조할, 좋은 모델링 문제의 기준을 의미한다(Maaß, 2007; Borromeo Ferri, 2010). 수학적 모델링의 교수 · 학습을 위한 중심적인 측면 중 하나인 수학적 모델링 역량을 3.2절에서 개관할 것이다. 끝으로 3.3절에서 여러분이 모델링 문제의 맥락이 어떻게 개인의 모델링 과정과 모델링 역량에 영향을 미칠 수 있는지 생각하길 바란다.

3.1 (좋은) 모델링 문제의 기준

3.1.1 모델링 문제의 특징

9학년 이상의 학생들을 위한 두 문제 "바다의 맑은 날"과 "함부르크 항"에 대해 살펴보자. 시간을 갖고 두 가지를 모두 풀어보아라. 어느 과제가 모델링 문제이고, 그 이유는 무엇인가?

바다의 맑은 날

여러분이 바다를 관찰하고 있다면, 명확한 시야에도 불구하고 지구 곡률 때문에 특정 거리만 볼 수 있다. 법칙에 따르면 : $w^2 = 13h$

여러분의 눈높이(h)에 따라, 가시거리(w)를 킬로미터로 어림할 수 있다. 여러분은 h를 미터 단위로 사용해야 한다.

a) 지면으로부터 눈높이가 1.60m라면, 얼마나 멀리 볼 수 있는가?

b) $h = 5\text{m}$ (10m; 20m; 40m; 80m)로 가시거리 표를 만드시오. 높이 h가 4배가 되면 가시거리는 어떻게 변하는가?

함부르크 항

2007년, 990만 개의 컨테이너가 함부르크 항을 통해 배송되었다. 이것이 함부르크를 세계에서 아홉 번째로 큰 항구로 만들었다. 365일 동안, 단지 두세 개의 컨테이너만 잘못된 장소에 놓였다. 그러면 수색이 시작된다. 그 컨테이너를 발견하는 항만노동자는 하루 쉴 수 있다. 그런데 함부르크에서는 한 대의 컨테이너도 실종된 적이 없다.

보험 소식지의 원문: AOK Rheinland/Hamburg No.2/2008

컨테이너를 옮겨 실으려면 얼마나 큰 공간이 필요한가?

여러분의 결과는 어떠한가? 첫째 과제가 모델링 문제인지 아닌지에 대해 여러분은 어떤 주장을 하는가? 둘째 과제에 대한 여러분의 생각은 무엇인가?

"바다의 맑은 날" 과제는 여러 종류의 교과서에서 찾을 수 있는 전형적인 과제이며 실제 맥락을 포함한다. 많은 학생, 특히 바다 근처에 사는 학생들은 수평선을 바라본 경험이 있고 아마 그들이 볼 수 있었던 가장 긴 거리에 대해 생각했을 것이다. 따라서 문제에서 묘사되는 상황이 학습자의 경험 범위 내에 있으며, 그림이 맥락을 시각화한다. 문제를 읽을 때, 지면 위의 눈높이에 따라 거리를 결정하는 법칙이 주어지는 것이 분명해진다. 그림에는 문제에 묘사된 변수 w와 h가 제시되어 있다. a)부분에서 학생들은 주어진 1.60m의 높이를 공식에 넣은 다음 알고리즘을 사용하여 w를 얻는다. b)부분에서 학습자는 여러 가지 높이의 h로 표를 만들어야 한다. 학생들은 표를 이용해 w에 대한

h의 효과를 실제로 찾아보며 학습해야 한다. "만약 높이 h가 4배가 된다면 시야 w의 범위는 어떻게 변하는가?"라는 질문은 함수적 사고를 촉진한다. 여러분은 현실과 수학 사이의 변환을 알아차렸는가? 이 과제의 맥락과 그림은 학생들에게 실제 현상에 대한 아이디어를 제공하며, 학생들은 그들이 거리를 얻는 데 필요한 법칙을 얻을 때까지 실제 현상에 대해 생각할 수 있다. 유일한 변환 과정은 문제에서 변수 h와 w가 의미하는 바를 현실을 시각화한 그림과 관련지어 이해하는 것이다. 실제 상황이 주어진 법칙에 따라 이미 단순화되었기 때문에 학생들이 가정할 필요가 없다. 따라서 학생들에게 수학 내적 부분이 주요 초점이 되고, 알고리즘 사용과 표 만들기를 연습한다. 주어진 실제 상황에 대한 해석과 검증은 과제의 b)부분에서 요구된다. 만약 학습자가 수학적으로 옳지 않은 결과를 얻는다면 그것을 현실로 검증해야 한다. 아마도 학생들이 처음에 곧바로 수학을 사용할 수 있기 때문에 상황에 대한 정신적 표상을 구축할 필요가 없다는 것이 문제다. 학생들은 보통 사진 속 사람이 4배가 되면 거리 w가 작아진다고 답한다. 이것은 물론 틀리며, 학습자와 토론해야 한다. 이상의 분석을 요약하면, 이 과제는 실제 맥락을 가지고 있음에도 불구하고 모델링 문제가 아니라는 것이 분명하다. 학습자가 모델링 사이클의 모든 단계를 거치지는 않는다. 단지 법칙을 연습할 뿐이다. 결국 이 과제의 맥락은 학생들에게 필요하지 않고 학생들은 현실과 수학 사이를 연결하는 것을 배우지 못하였다.

"함부르크 항" 과제를 읽고 사진을 보면 즉시 첫째 과제와 많은 차이점을 볼 수 있다. 우선, 과제의 문장은 원래 보험회사의 소식지로부터 나왔고, 문제를 모델링하기 위해 오직 일부 관련 데이터만 제공된다. 마지막으로, 그림에 전체 정박 공간이 보이지 않고, 잔뜩 쌓인 컨테이너와 크레인만 보인다. 많은 학생, 그리고 여러분 또한 이 문제를 해결하기 위한 첫 번째 단계를 생각할 것이다. 왜냐하면, 주어진 더 이상의 데이터가 없기 때문이다. 복잡한 실제 상황은 다음과 같은 많은 질문에 의해 단순화되어야 한다.

- 컨테이너의 크기는 얼마인가?
- 하루에 얼마나 많은 컨테이너가 환적 센터에 있는가?
- 컨테이너는 거기에 얼마나 오래 머물러 있는가?
- 컨테이너는 어떻게 정렬되는가?

- 통로와 수납구역이 차지하는 면적은 얼마인가?

학생들은 대부분 컨테이너의 크기를 어림하는 것으로 시작하는데, 이것은 자명하지 않다. 이러면서 학생들의 측정 감각이 신장할 것이다. Hagena(2015)는 모델링 문제를 해결할 때 개인의 측정 감각이 어떤 영향을 미칠 수 있는지 조사하였다.

예를 들어 위에서 보인 가정에 기초하여 실제 모델을 세운다.

- 990만 개의 컨테이너가 매년 이동된다.
- 컨테이너의 크기: 2.5m × 12m (다른 크기도 가능하다)
- 평균적으로 두 개 혹은 세 개의 컨테이너가 쌓여있다→평균 높이: 2.2 컨테이너
- 한 컨테이너는 평균 4일동안 한 자리에 머문다.
- 통로와 수납구역이 전체 면적의 2/3를 점유한다.

이러한 정보가 있으면 실세계로부터 수학으로 변환할 수 있다. 9학년 이상의 학생들에게 이 과제에서 수학적 모델을 만드는 것은 어렵지 않다. 기초 산술 연산과 백분율의 계산이 필요할 뿐이다.

컨테이너 1개의 면적 : 2.5m × 12m = 30m²

1일 정박: 9,900,000 컨테이너 ÷ 365일 = 환적 센터에 매일 27,124개의 컨테이너

27,124 컨테이너 ÷ 2.2(평균 높이) = 12,329개의 컨테이너

보관 기간 : 12,329개의 컨테이너 × 4일 = 49,316개의 컨테이너

컨테이너가 차지하는 총면적 : 49,316개의 컨테이너 × 30m² = 1,479,480m²

전체 면적(통로/수납구역 포함) : 1,479,480 × 3 = 4,438,440 m²→444 ha

학생들은 해석, 특히 검증을 위해 인터넷을 사용할 수 있다(444 ha).

여러분이 주목한 대로, "함부르크 항" 과제는 모델링 문제이다. "실제" 변환 과정이 문제해결에 필요하고, 따라서 문제해결자는 모델링 사이클의 모든 과정을 거쳐야 한다.

문제 내에 학생들에게 주어지는 수학 법칙은 없다. 이것 때문에 이 과제는 첫째 과제와 달리 개방형 문제이다. 나아가 이 과제는 진정성이 있으며, 과제 문장 또한 소식지에서 발췌했다는 점에서 그러하다.

3.1.2 모델링 문제의 기준

두 과제를 비교하면 모델링 문제에 특별한 특성이 있음을 알 수 있다. Maaβ(2007, 2010)는 모델링 문제와 교실에서 그에 상응하는 활동을 위한 다차원 분류 체계를 개발하였다. 더욱이 Maaβ(2007)는 모델링 과제에서 전형적인 것으로 관찰되는 몇 가지 특징을 찾아냈다. Maaβ에 따르면 모델링 과제는 다음과 같다.

- 개방형이다(open)
- 복잡하다(complex)
- 현실적이다(realistic)
- 진정성이 있다(authentic)
- 문제이다(problems)
- 모델링 과정을 통해 해결할 수 있다(solvable through the modeling process)

"함부르크 항" 과제를 이러한 기준과 비교한다면, 제시된 질문의 **개방성**을 깨닫게 된다. 또한, 이 과제는 **복잡한데**, 학생들이 맥락을 이해하기 위해 노력하고 모델링을 위한 관련 데이터를 찾아야 하기 때문이다. 컨테이너 적재장은 실세계에 존재하고(현실적) 함부르크 같은 도시의 중요한 경제적 요소이다. **진정성**의 측면은 **현실적**이라는 기준과 유사하다. 학생들에게 가상 현실이 주어진 것이 아니라는 점에서, 과제에 담긴 사실들은 **진정성도 있다**. Palm(2002, 2007)은 진정성을 과제가 실생활 수행을 모방하는 정도로 설명한다. 그러나 Vos(2011)에게 모델링 문제는 그것이 교육 목적으로 만들어지지 않았다면 진정성이 있다. Vos의 접근은 합리적으로 보인다. Vos는 실증 연구에서 주로 사용되는 여러 실생활 문제를 분석하여, 연구자들이 실세계 활동을 모방하거나 시뮬레이션하는 활동을 고안하였다고 결론 내렸다. 학생들을 위해 모델링 문제를 개발하거나 선택할 때, 비록 항상 쉽지는 않겠지만, 진정성의 측면을 신중하게 여겨야 한다. 모델링 과제가 **문제**여야 한다는 기준은 학생들이 주로 알고리즘을 사용해야 하는 첫째 과제와 관련하여 이미 언급된 바 있다. 모델링 문제는 판에 박힌 활동으로 즉시 해법을 찾을 수 없고 해법에 도달하기 위한 전략을 생각해야 한다는 점에서 항상 **문제**여야 한다. 모델링은 첫 번째 과제의 경우처럼 기초 수준에서 전환되는 것이 아니다. 모델링 문제는 **모델링 과정을 통해 해결할 수 있어야 하며**, 이는 모델링 사이클의 모든 단계를 사용해야 함을 의미한다. 학생들은 첫째 과제에서 실제 모델을 만들지 않는다. 왜냐하면, 이 단계가 문제에 이미 제공되었기 때문이다. 대조적으로 “함부르크 항” 문제에서는 실제 모델을 얻기 위해 가정을 하고 문제를 단순화해야 한다.

다음 기준(Borromeo Ferri & Lesh, 2013)은 다른 사람들의 것을 보완하는 것으로 볼 수 있다. 이 기준은 모델링 코스에 참여한 많은 예비 교사와 현지 교사가 함께 개발하였다. 이 교사들은 초등학교부터 고등학교까지 모델링을 가르치고, 모델링 문제를 일상 수업에 구현하였다.

1. **모델링 과제의 유의미성**

   학생들은 이 과제를 다룰 수 있어야 하고, 그 과제를 푸는 것이 학생들에게 의미있어야 한다.

2. **연령에 기초한 현실적 맥락**

   모두가 현실에 대한 각자의 관점과 자신만의 경험을 지니며, 심지어 한 학급조차도 매우 이질적이다. 초등학교 8세 학생들의 일상생활은 고등학교 17세 학생들의 것과 매우 다르다. 따라서 특정 연령층에 흥미로운 모델링 과제를 선택할 때 이러한 부분을 고려해야 한다.

3. **심화 질문의 유도**

   모델링 과제는 학생들이 새로운 질문을 제기할 기회를 허용해야 한다. 이 질문들은 수학적 수준과 과제에 포함된 맥락 및 실제 상황에 달려있다.

4. **전체적 학습 방법 자극**

   “모든 감각으로의 학습”이 모델링 과제에서 또한 가능하다. 주로 교실 밖에서 해결 가능한 복잡한 모델링 문제에서는 특히 더욱 그러하다.

5. **적절한 언어 수준**

모델링 과제는 학생들이 교육적 수준에 따라 이해할 수 있는 방법으로 형식화되어야 한다. 불분명한 문장은 학생들이 과제 맥락의 정신적 표상을 구성하는 것을 저해한다.

3.1.3 모델링 문제의 개발: 브레인스토밍에서 학교에서 학생들을 위한 도전까지

Alan Schoenfeld가 말한 것처럼 "모델링은 스포츠 관람이 아니다."라는 것이 이제 분명하다. 스스로 혹은 모둠과 함께 모델링 문제를 해결하는 경험은 모델링 문제를 개발할 수 있게 한다. 문제를 만드는 과정은 처음에는 시간이 걸린다. 동기를 부여하는 맥락이 필요하고, 모델링에 필요한 수학과 모델링 문제의 기준을 충족시키는 것에 대해서도 생각해야 하기 때문이다.

수학적 모델링의 교수 · 학습에 대한 내 워크숍 동안, 참가자는 먼저 브레인스토밍하는 시간을 갖고, 그다음 과제를 표현하고, 해법을 모델링 사이클의 단계에 넣은 다음, 마지막으로 수업 계획을 작성하였다(4.2절 참조). 모둠에서 브레인스토밍하는 동안, 참가자들은 종종 "학생들에게 어떤 맥락이 적절한가?"와 같은 질문을 논의한다. 국가에 상관없이, 실습한 교사들도 이를테면, 8학년 학생들에게 동기부여가 될 수 있는 상황을 이해하려고 노력할 때, 동일한 어려움을 지닌다는 것을 파악하는 것은 항상 흥미롭다. 그러므로 교사들은 "지금 멋진 게 뭐지?", 학생들의 일상 환경에서 일어나는 일에 대해 이야기한다. 이것은 문제를 만드는 좋은 시작점이다. 다음에서 여러분에게 (3일 동안의 워크숍에서) 대학생 모둠과 현직 교사 모둠이 개발한 모델링 문제의 두 가지 예를 제시할 것이다.

첫째 문제인 "대학 비용 모델링"은 뉴욕 브롱스의 한 공립학교에서 12학년 학생들을 위한 것이다. 당시 수학교육 박사 과정 중이었던 두 개발자는 브레인스토밍하던 중 두 개의 기사에 영감을 받았다. 하나는 2012년 12월 12일 자 〈뉴욕포스트〉에서 "뉴욕시립대학교의 졸업 뉴스는 슬픈 뉴스다"라는 제목의 기사였다. 이 기사는 브롱스 남부의 호

스토스 지역 대학교의 2011년 졸업률이 8.2%에 불과하다면서, 이를 92.8%의 졸업률을 자랑하는 컬럼비아대학교와 비교하였다. 그들이 사용한 또 하나의 기사는 뉴욕시립대학교의 웹사이트에 게재된 것으로 "빚 없는 뉴욕시립대학교 학위, 약 80%가 대출 없이 졸업"이었다. 브롱스의 많은 학생이 낮은 사회경제적 지위에 처해있다. 따라서 대부분의 학생은 낮은 학비 때문에 뉴욕시립대학교를 선택한다. 이 기사를 주의 깊게 읽으면 많은 학생이 졸업을 하지 못하는 것 같다. 이러한 실제 기사를 바탕으로, 두 개발자는 대학을 선택하는 문제를 탐구하는 모델링 활동이 학생들을 자극하고 학생들에게 유용할 것이라고 생각하였다.

대학 비용 모델링

과제는 어느 대학을 가야 할지 결정하려는 친구 마가리타에게 경제적으로 바람직한 조언을 하는 것이다. 마가리타는 매우 열심히 공부하는 학생이고 엔지니어가 되고 싶어한다. 더 많은 정보는 다음과 같다.

집: Bronx, NY, 10456

가족: 부모님과 두 여동생

대학 선택: 안정: 레만대학

중간: 시라큐즈대학교

상향: 컬럼비아대학교

마가리타는 대학교 기숙사에서 살 계획이다. 대학을 선택할 때 고려해야 하는 많은 것이 있지만, 경제적 측면에서 여러분의 도움을 원한다.

학생들은 기사 두 편을 다른 수업에서 미리 읽어, 이 정보 외에 각 대학의 학비, 학자금 대출, 장학금, 졸업률, 그리고 졸업 후의 예상 수입과 같은 관련 데이터를 알고 있었다. 이것은 12학년 학생들에게 첫 모델링 활동이었다. 박사과정생 또한 전에 수학적 모델링을 가르친 적이 없다. 그래서 팀 티칭을 하기로 했고 학생들에게 DISUM 프로젝트의 수학적 모델링 사이클에 기초한 안내 질문을 제공하였다(이 장을 참조).

> 모델링 사이클의 4단계를 따르시오.
>
> **〈1단계〉 과제 이해**, 과제를 설명하라.
> **〈2단계〉 수학 탐색**, 어떤 데이터가 필요한가? 어떠한 수학적 관계가 있는가?
> **〈3단계〉 수학 사용**
> **〈4단계〉 결과 설명**, 즉, 이유를 들어 추천하라.
> **〈맺음말〉** 마가리타를 돕는 것이 여러분 자신의 대학 선택과 어떻게 유사한가? 차이는 무엇인가?

두 개발자는 모델링 동안 학생들을 어떻게 도울 수 있을지 알기 위해, 이 단계에 따른 규범적인 해법을 만들었다.

과제 이해: 과제를 설명하라

- 이 과제는 친구 마가리타가 최선의 대학 선택을 하도록 돕는 것이다.

수학 탐색: 어떤 데이터가 필요한가?

- 우선 기사를 읽어야 하지만, 또한 마가리타가 수업료, 예상되는 장학금이나 재정적 도움, 빚을 지는 것에 대해 나쁘다고 생각하는지, 졸업률, 졸업 후 예상 수입 등에 대한 정보가 필요하다.

수학 탐색: 어떠한 수학적 관계가 있는가?

- 몇 가지만 말하자면 대학과 졸업률, 대학과 학비 비율과 학비에 비해 장학금액 사이에서 수학적 관계를 볼 수 있다.

수학 사용

• 표를 만드는 것이 내가 가진 모든 자료를 잘 나타내주며 해석을 위한 기초인 것 같다. 왜냐하면, 내 수학적 모델에 기초하여 마가리타에게 컬럼비아대학교에 가도록 추

천할 것이기 때문이다.

	레만대학	시라큐즈대학교	컬럼비아대학교
학비	$5808	$39,004	$46,864
숙식	$11,092	$13,692	$11,978
졸업률	40%	80%	94%
장학금 평균	$8028	$23,996	$35,000
필요한 대출금(학비+숙식−장학금)	$8872	$28,700	$23,842
졸업 후 예상 수입	$39,400	$47,700	$57,600

순위	레만대학	시라큐즈대학교	컬럼비아대학교
연간 필요한 대출금 (1=최소금액, 3=최대금액)	1	3	2
졸업률 (1=최고 졸업률, 3=최저 졸업률)	3	2	1
졸업 후 월급(1=최고, 3=최저)	3	2	1
총	7	7	4

결과 설명

- 자료에 기초하여, 각 학교에 다니기 위해 마가리타가 필요로 하는 금액을 계산하였다. 그런 다음, 필요한 대출금액, 졸업률, 졸업 후 예상 수입에 기초하여 각 대학의 순위를 매겼다. 이 순위에서 1이 가장 좋고 3이 가장 좋지 않은 것인데, 컬럼비아대학교의 총점이 가장 낮으므로 컬럼비아대학교를 추천할 것이다.

맺음말

- 이 과제는 대학교 결정에 도움을 주었고, 또한 결정하는 데 학비 외에 전체 생활비와 의복비와 같은 더 많은 정보가 있다는 것을 상기시켜 주었다.

규범적인 해법에서 보듯이, 이 문제를 해결하는 데 필요한 수학은 12학년 학생들의

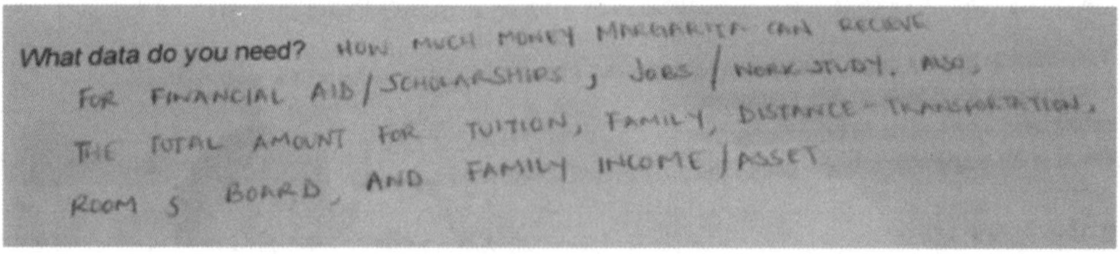

그림 3.1 "어떤 데이터가 필요한가?"에 대한 학생의 답
[마가리타가 경제적 도움, 장학금, 파트타임으로 일하면서 얼마나 많은 돈을 받을 수 있는지. 또한 학비, 가족, 거리-교통비, 숙식비 및 가족 소득과 자산 총액]

기초 수준에 있고, 대부분 덧셈, 뺄셈, 비교하기 정도를 의미한다. 물론 가중 평균을 도입하여 수학 모델을 더욱 정교하게 만들 수도 있다.

학생들의 활동을 보면서 모델링의 일부 과정이 어렵다는 것이 확실해졌다. 데이터를 식별하고, 가정하고, 실제 모델을 만드는 것은 학생 대부분에게 문제가 되지 않았다. 다음 학생은 경제적 도움, 장학금, 파트타임으로 버는 수입, 학비 등의 측면을 기록하고 수학적 탐구를 훌륭히 해냈다(**그림 3.1**).

많은 학생이 '어떤 수학적 관계가 있는가?'라는 질문에 고전하였다. 학생들은 그것을 어떻게 이해해야 할지 몰랐고, 그래서 공식이나 정리에 대해 계속 물었다(**그림 3.2**).

'수학 사용'은 학생들이 모델링 사이클의 3단계를 완료할 것을 요구한다(**그림 3.3**) 아래의 답은 꽤 전형적이고 어떤 학생들은 경제적 도움, 장학금, 파트타임 일자리, 자산 등 더 많은 변수를 모델에 포함하였다. 어떤 학생도 대학의 순위를 매기지 않은 것이 흥미로웠다. 수학적 모델이 복잡하지 않다는 사실 때문에, 학생 대부분은 풀이에서 볼 수 있듯이 학비와 방값을 가지고 간단한 계산을 하는 것으로 마무리 지었다. 이 모델이 옳

그림 3.2 수학적 관계에 대한 학생의 답
[대학에 지출된 돈, 졸업 후 취업 기회, 학비와 책값]

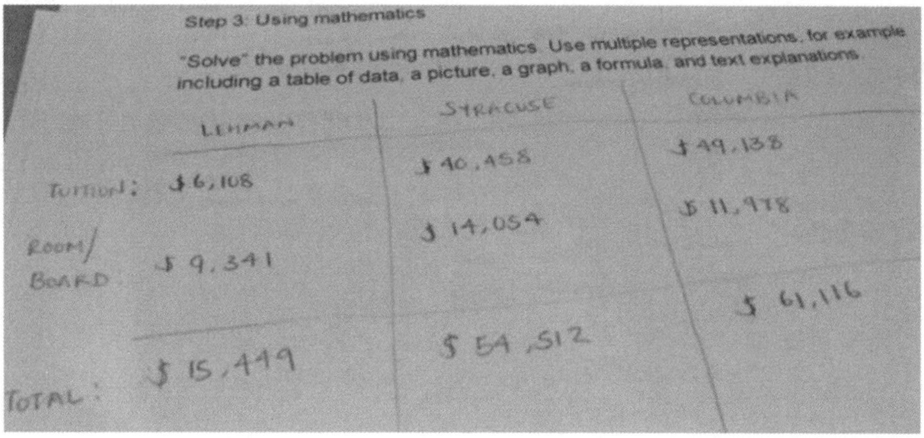

그림 3.3 '수학 사용'에 대한 학생의 답

기는 하지만, 두 교사는 학생들이 더 많은 "실생활" 변수를 고려하여 모델을 만들기를 바랐다.

'결과 설명'은 또한 검증을 의미한다. 따라서 모델링 활동은 항상 학생들의 추론 연습을 지원하는 활동이다. 다음 학생의 풀이(**그림 3.4**)에 있는 설명을 분석해 보면, 학생들이 어느 학교가 마가리타에게 최선인지를 말하지 않았고 최종 답을 하지 않았다는 것을 알 수 있다. 대신, 장학금 신청과 학자금과 생활비 절약 등을 위한 목록을 작성하였다. 이에 대한 한 가지 이유는 "추천"이라는 용어를 자신의 결정을 뒷받침할 근거를 제시하기보다 개인적인 추천으로 해석했기 때문일 수 있다. 다른 학생들도 적절한 답을

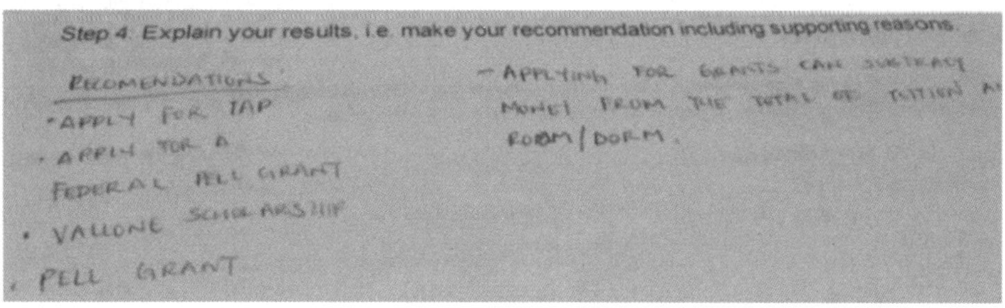

그림 3.4 '결과 설명'에 대한 학생의 답

[(왼쪽부터) 추천: 뉴욕주 학비 보조 프로그램 신청, 연방 정부 장학금 신청, 밸론 장학금, 정부 보조금 신청, 장학금 신청으로 학비와 생활비 총액을 줄일 수 있다.]

내는 데 매우 유사한 문제를 겪었다. 하지만, 몇몇 학생들은 설명과 함께 명확한 답을 제시하였다.

나는 수업을 진행하면서 이 문제를 풀고 있는 대학생들을 관찰할 기회가 있었다. 수업을 시작할 때 많은 학생이 무엇을 해야 하는가 하는 지시에 혼란스러워했는데, 이는 모델링 활동을 시작할 때 일반적인 현상이다. 두 교사는 학생들이 수학적 모델링 활동에 얼마나 시간이 걸릴지 과소평가한 것을 반성하였다. 차후에는 학생들이 여러 정보를 검토하도록 하는 대신 많은 정보가 포함된 정리된 표를 제공할 것이다. 학생들은 매우 열심히 참여하고 모델링 활동에 흥미를 보였다. 특히 수학적으로 취약한 학생들이 그 모둠을 이끄는 데 참여하였고, 모둠 모델에 어떤 데이터를 포함할지에 대해 서로 토론하였다. 그 이유 중 하나가 맥락이었다. 학생들은 자신의 생활에서 내리는 결정과 비슷한 일을 하는 것을 즐겼기 때문이다.

다음 모델링 문제는 독일 함부르크의 세 교사가 개발한 "성 마이클 교회" 문제[11]이다. 그들이 초등 교사였기 때문에 초등학교 3, 4학년 학생들을 위해 이 문제를 만들었다[12]. 브레인스토밍하면서 세 교사는 함부르크시와 관련된 문제를 탐색하였다. 성 마이클 교회는 모든 학생이 알고 있는 함부르크의 상징 중 하나이다. 이 모델링 문제를 제시한 이유는 여러분의 도시에 맞게 변환하기가 쉽기 때문이다. 반드시 교회일 필요가 없다. 다른 높은 건물도 좋다. 교사는 이 문제를 3, 4학년 학생들의 수학적 배경지식에 맞춰 개발하였다. 이 문제는 교사들이 개발해서 교실에서 가르친 첫 번째 모델링 문제이

성 마이클 교회[10]

성 마이클 교회는 함부르크시의 상징 중 하나이다. 꼭대기에는 황금 열쇠가 있다.
여러분의 모둠원을 몇 번 쌓아야 이 교회의 꼭대기까지 닿겠는가?

10) 성 마이클 교회 사진 출처: www.elbicht.net
11) S. Gralla, S. Steuer, S. Hertel의 아이디어이다.

다. 또한 학생들에게도 수학적 모델링에 대한 첫 번째 경험이었다.

교사들은 규범적 해법을 위한 4단계 중 "교육학적 모델링 사이클"을 선택하였다. 교사들은 의도적으로 교회 첨탑의 높이나 또래 학생들의 키에 대한 어떤 자료도 제공하지 않았다. 따라서 학생들은 스스로 이 정보를 찾아야 했고, 교사들은 미터자 혹은 성 마이클 교회에 대한 정보를 찾을 수 있는 책과 같은 자료를 제공하자고 결정했다.

특히 초등학교에서 모델링 활동을 시작할 때, 학생들이 부분적으로는 혼자, 부분적으로는 모둠으로 활동하여 **함께** 목표(적절한 결과 구하기)에 도달하는 태도를 지니는 것이 중요하다. 수학적 모델링은 학생들에게 자신의 활동 과정과 다른 모둠원들의 활동에 대해 책임질 것을 요구하는 활동이다. 교사는 학습 코치에 가깝고 항상 개입하지는 않는 방법을 배워야 한다.

문제 개발 동안 나는 세 교사와 함께 이러한 측면에 대해 논의했고, 교실에서 활동한 후 더 많은 반성이 있었다. 규범적 풀이를 요약하면 다음과 같다.

실제 상황: 사진은 성 마이클 교회가 실제로 어떻게 보이는지 보여준다.

문제 이해: 교회의 높이를 찾아야 하고 교회의 끝까지 도달하기 위해 쌓아야 할 모둠원이 몇 명인지 알아야 한다.

실제 모델(가정하기): 교회의 높이는 얼마인가? 어디에서 정보를 얻을 수 있는가? (예를 들어 인터넷 이용하기, 교사에게 질문하기, 함부르크에 관한 책 읽기, 사진의 창을 사용하여 교회의 첨탑의 높이를 어림하기 등) 어떻게 모둠원들을 쌓을 것인가?(다양한 요소: 모둠원의 수, 모둠원의 키)

수학 외적 지식: 교회 첨탑의 높이(132m), 각 모둠원의 키(3, 4학년 학생들의 키는 대략 135cm에서 155cm사이이다.)

수학적 모델: 키를 더하거나 곱하기 혹은 교회의 첨탑으로 나누어라.

수학적 결과: 예컨대, 가정에 따라 26번 쌓아 올려야 한다.

실제 결과: 결과는 학생들의 키에 달려있다.

검증: 학생들의 키를 확인하라.

---

12) 독일 초등학교의 1학년부터 4학년은 6살부터 10살까지다.

학생들에게 자료 검색뿐만 아니라, 덧셈, 뺄셈, 곱셈, 2배, 비교, 경험법칙과 같은 수학 내적 역량이 필요하다. 여러분은 이 많은 것을 교과서의 지루한 연습으로 알겠지만, 학생들은 대신 그것들을 이 모델링 활동에서 사용할 수 있다.

3명의 교사는 모두 수업 시간에 모델링 문제를 시행했고(2개의 3학년 학급과 1개의 4학년 학급) 차후 자신의 지도를 반성하였다. 예상했던 대로, 모든 학생이 처음에 약간의 곤란을 겪었는데, 그 이유는 데이터가 누락되어 처리할 수 없었기 때문이다. 교사들은 학생들이 정보를 어디서 얻을 수 있는지 생각할 수 있도록 유도했고 미터자를 사용할 수 있음을 상기시켰다. 수업이 같은 학교에서 이루어진 것이 아니며 각 학교는 사회경제적으로 다른 지역에 있었다. 한 학급에서 학생들이 과제를 이해하는 데 문제가 있었던 반면, 다른 학급에서는 학생들이 즉시 모델링을 위한 아이디어로 시작하였다. 모든 교사는 학생들에게 지나친 도움을 주지 않고 모둠으로 활동할 수 있는 공간을 제공한 문제에 대해 반성하였다. 교사들에게는 개입과 학생들의 독립성 사이에 균형을 유지하는 것은 어려웠다. 다음 결과는 학생들이 답에 도달한 다양한 방법을 보여준다(**그림 3.5**).

5명의 학생은 함부르크시에 관한 책에서 교회 높이에 대한 정보를 찾아냈다. 모둠에서 자신들의 키를 측정했고 물론 여러 길이를 얻었다(1.30~1.42m). 그들은 평균 신장으로 1.40m를 사용할 것이라고 주장하였다. 이는 훌륭한 아이디어였는데, 왜냐하면 학생들이 스스로 가정하고 단순화했기 때문이다. 학생들의 해법에 따르면 그들은 교회의 높이가 132m라는 지식에서 출발하여 1)에서 1.40m×100을 곱하여 첫 번째 어림의 결

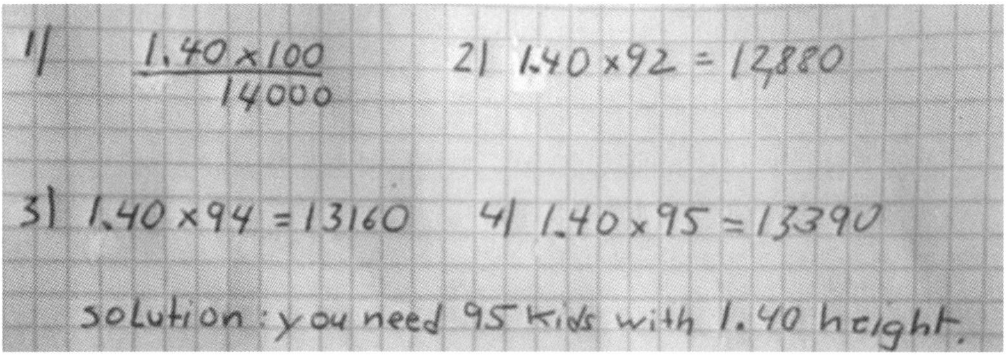

그림 3.5 모둠 해법: "어림하기"

과로 140m를 얻었는데, 이는 너무 크다. 마침내 4)단계에서 수학적인 결과로 133.90m를 얻었다는 것을 알 수 있다. 학생들은 결과를 해석하고 검증하지 않고 "키가 1.40m인 어린이 95명이 필요하다."라고 적었다. 문제가 **여러분의 모둠원을 몇 번 쌓아야 이 교회의 꼭대기까지 닿겠는가**였기 때문에, 이 모둠은 모델링 문제를 부분적으로만 해결한 것이다. 모둠원이 단지 5명이었기 때문에 95명의 어린이라는 풀이에 대해 생각해야 했다. 만약 95를 5로 나눈다면 19를 얻게 될 것이고, 이는 그 모둠을 19번 쌓을 수 있다는 것을 의미한다. 결과 발표 시 교사가 이러한 측면을 언급하였고 집중적인 토의가 시작되었는데, 이는 학생들이 왜 모둠마다 서로 다른 답을 얻었는지와 그들의 여러 가지 가정을 이해하도록 돕는 데 가치가 있었다.

둘째 해법(**그림 3.6**)을 적었던 학생들은 자신들을 측정하여 키를 더했는데, 앞 모둠과 달랐다. 키의 합은 5.88m였고, 이것이 대략 129m를 얻기 위해 반복적으로 추가되었다. 그러나 이 모둠은 잘못 세어서 수용할 만한 결과를 얻지 못하였다(15번 쌓기). 여러분은 이 모델링 문제가 3, 4학년 학생들에게 쉽지 않다는 것을 알 수 있고, 문제를 해결하는 동안 학생들이 고려해야 할 실제가 많다는 것을 알 수 있다. 물론 옳은 결과에 도달한 다른 모둠도 있었다.

교사들에게 모델링 문제 개발과 이후의 모델링 지도는 도전이다. 두 가지를 모두 수행한 경험은 모델링 문제의 특징, 학생들이 모델링을 하는 동안 겪을 수 있는 어려움, 그리고 수업 계획과 개입이 어떻게 진행될 수 있는지를 더 잘 볼 수 있도록 도와준다.

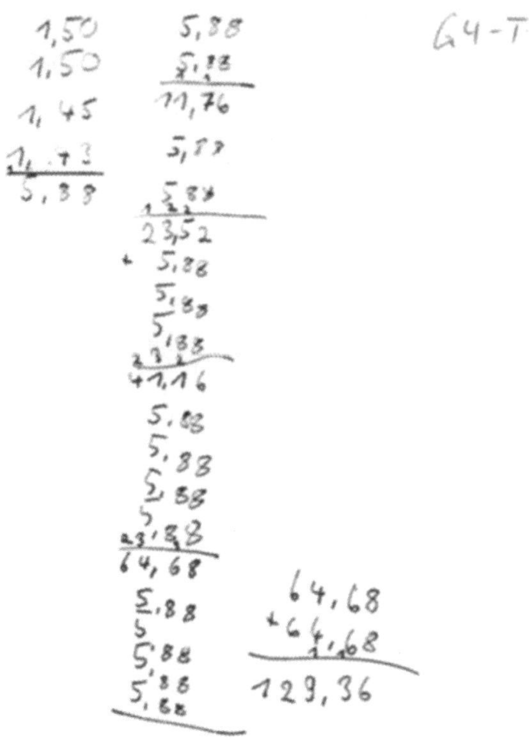

그림 3.6 모둠 해법: 15번 쌓기

3.1.4 변화를 위한 준비: 문제로부터 모델링 문제로

새로운 문제를 만드는 것보다, "보통의 수학적 과제"를 모델링 문제의 기준을 만족하는 모델링 문제로 바꾸는 것이 더 빠르다. 어떻게 할 수 있을까? 이 장의 첫 번째 과제 "바다의 맑은 날"로 돌아가자. 이것은 여러 교과서에서 볼 수 있는 과제로부터 나온 문장이다.

> 여러분이 바다를 관찰하고 있다면, 명확한 시야에도 불구하고 지구 곡률 때문에 특정 거리만 볼 수 있다. 법칙에 따르면: $w^2 = 13h$
> 여러분의 눈높이(h)에 따라, 가시거리(w)를 킬로미터로 어림할 수 있다. 여러분은 h를 미터 단위로 사용해야 한다.
> (a) 지면으로부터 눈높이가 1.60m라면, 얼마나 멀리 볼 수 있는가?
> (b) $h = 5\text{m}$ (10m ; 20m ; 40m ; 80m)로 가시거리 표를 만드시오. 높이 h가 4배가 되면 가시거리는 어떻게 변하는가?

모델링 문제의 기준을 염두에 두고, 모델링 사이클의 여러 단계에 대해 생각할 필요가 있다. 실제 상황을 준다. 어떤 사람이 맑은 날 바다에 서 있고, 그는 가시거리가 얼마나 되는지 생각할 것이다. 이제 창의적으로 상황을 바꾸어, 수영하는 동안 탑에 앉아 사람들을 바라보는 안전요원이 있다(문제 그림 참조). 이제 법칙이나 다른 정보를 제공하는 대신 이 과제의 질문은 '안전요원이 볼 수 있는 거리는 얼마인가?'일 수 있다. 여러분이 마지막으로 바꿀 것은 과제의 제목이다. "바다에서의 하루". 너무 많은 변화인가? 수학적 모델링은 현실과 수학 사이의 변환을 의미한다. 따라서 실제 상황이 단순화되어야 한다. 부족한 정보로 인해 많은 가정이 필요하다. 중요한 측면은 안개가 없는 맑은 날이라고 말하는 것이다. 나아가 여러분은 많은 학생이 이미 본 적이 있고 그림에서 볼 수 있는 안전요원 탑의 높이를 생각해야 한다. 학생들에게 인터넷을 통해 탑의 높이를 확인하게 하든지 그림의 사람들을 사용하여 높이를 어림하게 한다. 그런 다음 탑에 앉아 있는 안전요원의 약 0.5m를 추가해야 하고, 합해서 약 5m(14 inches)이다. 마지막으로 가장 어려운 부분은 실제를 단순하게 하는 것과 수학을 사용하여 질문에 답할 수 있게 하는 실제 모델을 만드는 것이다.

중심 아이디어(**그림 3.7** 참조)는 지구를 원으로 생각하고 안전요원 탑을 선분(h)으로 나타내어, 지구 반지름(r_E)을 더하는 것이다($r = 6370$km/3958.134miles).

여러분은 탑에 앉은 안전요원으로부터의 가시거리(x)와 결합하여 원의 접선과 만나는 반지름(r_E)이 다시금 필요하다. 이제 직각을 볼 수 있고 수학적 모델로서 피타고라스 정리를 이용하여 가시거리 x를 계산할 수 있다. $r_E^2 + x^2 = (r_E + h)^2$이며 다음과 같다.

$$x = \sqrt{(r_E + h)^2 - r_E^2} = \sqrt{2r_E h + h^2}$$

탑에 앉은 안전요원의 높이를 5m로 어림한다. 이것은 r_E에 비해 매우 작고 또한 h^2은 $x \approx \sqrt{2r_E h}$를 의미하는 $2r_E h$에 비해 아주 작으므로 무시할 수 있다(Sweer, 1938).

실제 수를 원래 식에 대입하면, 다음과 같다.

$$x^2 + (6370\text{km})^2 = (6370\text{km} + 5\text{m})^2$$

$$x^2 = (6370.005\text{km} + 6370\text{km})\,(6370.005\text{km} - 6370\text{km})^{13)}$$

$x = 7.9$km, 반올림하여 $x \approx 8$km(4.97miles)

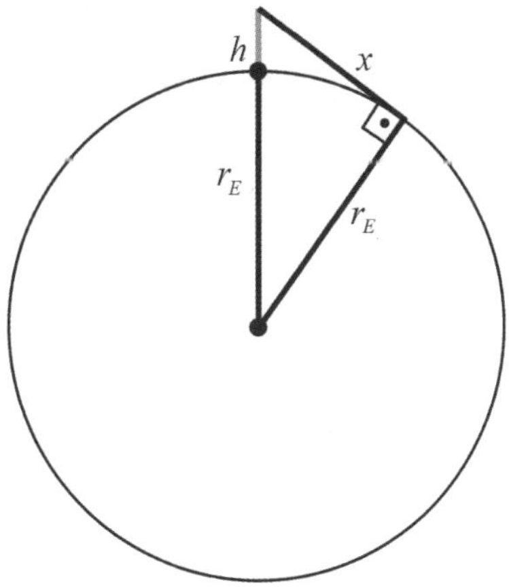

그림 3.7 중심 아이디어: 원으로서의 지구

13) 역자 주: 원문의 식이 오류로 파악되어 수정하여 번역하였다.

결과를 해석하고 검증할 때, 8km의 가시거리가 적절하며 현실적이라고 진술할 수 있다. 어떤 문제에서 모델링 문제로의 변형은 데이터 특히 법칙을 제거하기 때문에 복잡하지 않다. 학생들에게 인지적 요구도는 "보통" 문제에서 모델링 문제로 즉시 상향된다. 원래 문제에는 법칙 $w^2 = 13h$가 주어졌다. 아마도 몇몇 학생은 13이 어디에서 왔는지 물었을 것이다. 그렇지 않았다면 그들은 단지 수를 대입해서 풀었을 것이다. 이 단순화된 법칙 없이 시작한다면, 심화 활동에서 보듯이, 모델링 문제의 결과에 기초하여 법칙을 추론할 수 있다. 모델링 과정 동안 학생들은 지구의 지름과 반지름에 대한 수학 외적 지식을 얻는다. 수학적 모델은 피타고라스 정리이다.

$$r_E^2 + x^2 = (r_E + h)^2$$

h가 매우 작고 h^2은 $2r_E h$에 비하면 무시될 수 있기에 $x^2 = 2r_E h$를 얻는다고 주장했다. 지구의 지름은 12,700 km(7890 miles)이며, 13,000 km(약 8000 miles)은 거의 정확한 근삿값이다. 따라서 $w^2 = 13h(8h)$를 얻는다. 이 법칙을 끌어내는 것을 학생들이 모델링 문제의 연장선 상으로 이해하기가 더 쉬울 수 있다. 왜냐하면, 학생들은 그 모델이 어떻게 작동하는지에 대한 구체적인 사례를 보았기 때문이다.

문제를 모델링 문제로 변형하는 것은 학교에서 시간에 쫓기는 교사들에게 더 잘 다루어질 수 있다. 이를 위해, 다음 질문을 염두에 두고 교과서의 수학 문제를 보아야 한다. 어떻게 하면 수학 문제를 실생활 문제로 바꿈으로써 더 흥미롭고, 더 동기를 부여하며, 인지적 요구도가 더 높은 과제를 만들 수 있는가? 문제를 모델링 문제로 변형시키는 데 성공하여 교실에서 효과적으로 사용하기 위해서는 다음과 같은 측면이 중요하다.

- 주어진 데이터를 **줄이거나** 모든 데이터와 구체적 연습을 삭제하라.
- 문제를 더 현실적으로 만들기 위해, 필요하다면 실제 상황을 **수정하라.**
- 개방형 질문을 **형식화하라.**
- 학생들이 사용할 수 있는 도구를 **분명히 하라.** (인터넷, 책, 소프트웨어, 특별한 자료 등)

3.1.5 모델링 문제의 잠재성: 모두를 위한 하나, 하나를 위한 모두

좋은 모델링 문제에 대한 기준과 문제를 모델링 문제로 변형하는 것 외에, 모델링 문제가 (다른 수학적 과제와는 대조적으로) 각자 다르게 받아들여진다는 점을 강조하는 것도 중요하다. 우선 많은 교사에게 모델링 문제는 학생들에게 너무 어렵거나 복잡해 보인다. 모델링 활동을 지속할 때, 이러한 시각이 변한다. 다양한 수학적 모델이 문제해결에 사용될 수 있으므로 모델링 문제는 다양한 수준에서 다중 해법을 뒷받침한다는 것을 보았다(Schukajlow & Krug, 2014 참조). 수학적 모델링 문제는 낮은 수준부터 높은 수준의 학생까지, 교실에 있는 모든 학생에게 풍부한 잠재성을 제공한다. 모델링 문제는 포괄적이기 때문에, 이질 학급의 지도에 효과적인 양식이다. 낮은 수준의 학생을 위한 더 쉬운 과제와 높은 수준의 학생을 위한 더 어려운 과제를 포함하는 여러 가지 활동지를 배부하는 대신, 모두를 위한 하나의 모델링 문제를 사용할 수 있다. 모델링 문제가 각자에게 다르게 적용될 수 있기 때문이다. 이 가설을 강화하기 위해 나는 같은 연령의 동일 학년 학생 대신, 1학년부터 4학년까지의 초등학생을 대상으로 하나의 모델링 문제를 다룬 사례 연구를 실시하였다. 기준을 다시 살펴보면, 모델링 문제의 맥락이 학생들에게 동기를 부여하기 위해 연령과 관련되어야 한다는 것을 강조했었다. 1학년부터 4학년까지, 6세에서 10세까지 연령 범위 내 적절한 모델링 문제를 찾는 것은 더 큰 도전이었다. 다음 문제로 결정하여 모든 학년에게 같은 방법으로 형식화하였다.

> **학급 파티**
>
> 여러분의 학급은 조만간 학교에서 파티를 개최하길 원한다. 학급 구성원들은 부모들이 그 파티에 관여하지 말아야 한다고 결정했고, 그래서 그것은 여러분의 일이다.
> 학급 저금통에는 약 50달러가 있다. 훌륭한 파티를 위해 이것으로 충분한가? 여러분의 학급에서 1인당 얼마나 더 모아야 하는가?

이 모델링 문제를 선택한 몇 가지 이유가 있다.

- 문제의 주요 수학적 내용이 산술 연산을 다루므로 교육과정과 일치한다. 1학년 학생들도 기초 연산을 사용할 수 있다.
- 학생들의 경험 내에서 학급 파티를 조직하기 위해서이다. 비록 재정적인 측면은 신중해야 하지만, 그들은 창의적일 수 있고 파티 조직으로 동기화될 것이다.
- 모델링 문제에서 요구되는 데이터가 부족하다. 초기 상황부터 파티에 얼마나 많은 손님이 올지 확실하지 않다. 이 정보는 모둠별로 문제를 해결할 때 아이들이 어림해야 하며, 매우 다양할 가능성이 큰 결과들을 제시한 후에 최종적으로 논의하고 반성해야 한다.

실제 모델을 세우기 위해 많은 가정이 필요하다.

- 얼마나 많은 손님이 올 것인가?
- 파티의 장소는 어디인가?
- 어떤 종류의 음식과 음료가 필요한가? 이것은 초대받은 사람에게 달려있다.
- 어떤 종류의 장식이 근사한가, 혹은 장식이 필요하지 않은가?

이 문제와 관련하여, 학생들에게 여러 슈퍼마켓의 전단지를 사용하여 음식과 음료의 가격을 제공하는 것은 도움이 되지만, 학생들이 가정하고 교사에게 필요한 정보에 대해 물어보기 전까지는 안 된다. 또한 학생들은 파티 동안 한 명당 평균적으로 얼마나 많은 음식과 음료를 소비할 것인가에 대해서도 생각해야 한다.

수학적 모델과 수학적 활동은 이 문제에서 매우 다양할 수 있다. 기본적인 수학적 모델은 어림한 음식물과 음료수와 관련하여 손님 수를 추가하는 것이다. 학생들은 수학적 능력에 의존하여 요구되는 양에 따라 다양한 음식에 대한 개별 가격을 추정할 수 있다. 50달러(또는 모델링 문제의 독일어 버전에서는 50유로)는 많은 돈이 아니며 학습자들은 가정을 하고 최종적으로 가격을 합산할 때 파티를 위해 더 많은 돈이 필요하다는 것을 깨달을 것이다. 모든 데이터(음식과 음료의 가격)를 개관하기 위해 학생들은 모든 것을 지불하는 데 필요한 비용과 총수입에 대한 표를 만들 수 있다. 더 정교한 수학적 모델은 한 명당 수량을 계산하는 것이다. 예를 들어 학생들이 구입하고 싶은 팝콘의 양을 모든 손님의 수로 나누어야 한다. 이렇게 하면 모든 사람이 팝콘을 좋아한다는 가정 하에 손님 한 명당 평균 팝콘량을 얻을 수 있다. 수학적 결과와 최종의 실제 결과는 다를 것이므로 가정에 근거하여 검증해야 한다. 이러한 모델링 활동을 반성할 때, 왜 모든 학생의 결과가 같지 않은지 이해할 수 있도록 다른 모둠의 다양한 결과를 비교하는 것이 중요하다. 모든 모델링 문제에는 실제 결과의 범위가 있다. 만약 학습자들이 모든 학급 구성원이 50달러 이상을 지불해야 한다는 결과를 도출하였다면, 이것은 검증되고 논의되어야 한다. 학교가 위치한 지역에 따라, 금액은 많은 가족과 어린이들에게 민감한 부분일 수 있다.

이 모델링 문제가 1학년부터 4학년 학생들에게 각각 어떻게 차별화되는지 조사하기 위해, 전에 보여준 모델링 단계를 따라 "학급 파티"를 분석할 필요가 있었다. 게다가, 학생들의 모델링 과정을 더 철저히 분류하기 위해 모델링 단계에 따라 역량의 표준 수준을 개발하였다. 실제 모델과 수학 모델 내의 역량 수준이 1 이상으로 나타났는데, 여기서 1은 가장 낮은 수준을 특징짓고 더 높은 숫자는 더 발전된 수준을 나타낸다. 수학적으로 활동하는 다양한 방법 또한 수학적 모델과 관련하여 구별되었고, 결국 결과를 해석하는지 아닌지를 기록하였다.

실제 모델: 앞서 보였듯이, 실제 모델을 구축하기 위해서는 가정을 해야 한다. 중요한 양을 식별해야 하며 수학 외적 지식이 실제 모델에 포함되어야 한다. 이 과정은 다양한 수준에서 발생할 수 있다.

RM 1: 문제의 맥락을 고려하지 않고 단지 자료를 수집하기
RM 2: 주어진 상황을 고려하여 의미 있는 가정하기
- RM 2a: 지불해야 하는 제품에 관련된 가정
- RM 2b: 무료인 제품에 대한 가정

RM 3: 양을 상황에 영향을 미치는 변수로 인식하기
- RM 3a: 문제에 주어진 양
- RM 3b: 더 많은 양을 포함

RM 4: 단순화

RM 4a: 어림하기

RM 4b: 경험법칙 사용하기

RM 5: 수학 외적 지식의 합리적인 도입

RM 5a: 자신의 경험

RM 5b: 유사 상황으로 유추

수학적 모델: 실제 모델에서 수학적 모델로의 변환은 다양한 역량을 요구한다.

MM 1: 관련 있는 양과 관계를 수학화하기

MM 2: 관련 있는 양의 단순화

MM 3: 적절한 연산의 사용

MM 3a: 덧셈 그리고/혹은 뺄셈

MM 3b: 곱셈 그리고/혹은 나눗셈

MM 4: 적절한 수학적 표기의 사용

수학적 활동: 수학적 모델과 수학적 지식의 수준과 개인의 선호와 능력에 따라, 암산에서 나눗셈에 이르기까지 다양한 풀이와 계산을 할 수 있다.

WM 1: 손가락을 이용한 수 세기

WM 2: 암산

WM 3: 경험법칙

WM 4: 부분적 계산

WM 5: 계산

해석: 결과 해석 여부에 따라 두 가지 수준의 역량이 구별된다.

I 1: 해석 불가

I 2: 해석

이러한 역량 수준은 학생들의 모델링 과정을 분석하는 도구를 제공하였다. 이 연구의 표본은 이전에 모델링 활동을 해본 경험이 없는 6세에서 10세 사이의 여학생 15명과 남학생 15명으로 구성되었다.

모델링 문제가 각자에게 차별화된다는 잠재성에 초점을 맞추면서, 질적 연구로 설계하였다. 이는 통계적 결과를 얻기 위한 검사나 설문지를 사용하지 않았다는 것을 의미한다. 광범위한 모델링과 수학적 활동 방법을 얻기 위해 30명의 초등학교 학생들을 1학년부터 4학년까지 혼합된 11개 모둠으로 나누었다. 1학년은 문제를 유창하게 읽을 수 없었기에, 전체 모둠원이 문제를 읽은 후 스스로 문제를 다시 읽을 수 있는 추가 시간을 가졌다. 모든 모둠은 평균 40분이 걸리는 모델링 활동 동안 비디오로 촬영되었다. 필사한 후, 자료를 근거이론 방법론(Strauss & Corbin, 1990)과 앞서 제시한 역량 수준 스키마를 사용하여 이론적으로 코드화하였다.

이 연구 결과는 하나의 모델링 문제가 연구에 참여한 다양한 학년의 모든 학생에게 엄청난 잠재성을 제공한다는 것을 보여주었다. 아마 고학년 학생들이 1학년 학생들에게 아이디어에 있어 영향을 미친다고 상상할 수 있겠지만, 그렇지 않았다. 각 모둠은 집중적인 수학적 논의 후, 모든 학년의 학생들이 기여하여 최종적으로 합의에 이르렀다. 여러 학년의 학생 8명을 아래에 제시한다. 혼합모둠에서 함께 활동한 같은 학년의 두 학습자를 비교하면서, 역량의 수준차를 볼 수 있다. 많은 경우에 1학년과 4학년 사이에 역량 수준은 동일했으며, 수학적 활동(WM 역량)만이 달랐다.

같은 모둠에서 함께 활동한 학생 L1과 학생 T1(1학년)으로 시작하자. 학생 L1은 의미 있는 가정으로 시작했고 학급 학생들의 수와 관련지었다. 학생 L1은 주어진 자료를 사용했을 뿐만 아니라, 추가 식품의 가격을 슈퍼마켓 전단지에서 찾을 수 없었기 때문에 어림하였다. 이에 기초하여 학생 L1은 음식과 음료의 양을 어림하고, 암산으로 더한 다음 평균을 구하려 애썼다. 표기를 위해 학생 L1은 명확하게 유로를 사용하였다. 학생 L1의 모델링 과정을 요약해보면, 다음과 같은 역량 수준으로 분류될 수 있다.

RM 2, RM 3, RM 4, RM 5, MM 3, MM 4, WM 2[14], I 2

마찬가지로, 학생 T1은 상황과 연계된 유의미한 가정들을 수집하였다. 학생 T1은

14) 역자 주: 원문에 L2라는 코딩이 제시되지만, 앞서 설명한 코딩 스킴에 없는 것으로, 저자의 착오로 보인다. 따라서 저자가 분석한 내용에 맞추어 WM2로 수정하여 번역하였다.

데이터와 가격 사이의 관계를 조사했지만, 이 문제를 더 깊게 파고들지 않았다. 필요한 음식의 어림은 과감했고 암산을 이용하여 수학적으로 활동하였으며 검증 단계를 보이지 않았다. 학생 T1의 역량 수준은 다음과 같다.

RM 2, RM 3, RM 4, MM 1[15], WM 2[16]

학생 B와 학생 J2(2학년)

학생 B는 처음에 실제 문제에 대해 비현실적인 데이터를 수집하였다. 한 가지 이유는 이 문제가 그에게 실제적이지 않았다는 것이다. 예를 들어, 학생 B는 경기장에 얼마나 많은 사람이 들어가는지, 콜라 한 병에 얼마나 많은 양이 있는지 어림하였다. 마침내 학생 B는 파티를 위한 콜라의 양과 같이 필요한 정보를 더하였다. 학생 B는 손님의 수에 알맞은 음료의 양을 계산하였다. 학생 B는 거의 모든 시간을 자료 수집에 할애하였다. 학생 B는 몇몇 역량 수준에 도달했음에도 불구하고, 결과를 해석하지 못하였다. WM 3에서 학생 B가 경험법칙을 생각해서 사용했는지 아니면 단순히 직관을 나타낸 것인지 명확하지 않다.

RM 1, RM 2, RM 3, RM 4, RM 5, MM 1, MM 3, WM 2, WM 3

학생 J2도 역시 데이터를 수집하였다. 학생 J2은 몇 가지를 가정하였다. 또, 한 음식과 음료에 대해 더 비싸게 어림했는데, 처음에는 곱셈을 사용했으나 이어서 덧셈으로 바꾸어 결국 해답을 찾았다.

RM 2, RM 3, RM 5, MM 1, MM 3 그리고 WM 1

학생 S2와 학생 S3(3학년)

학생 S2는 빠르게 활동했으며 목표지향적이었다. 데이터를 수집하는 동안 주어진 문제에 직접 관련된 가정을 하였다. 학생 S2는 소수를 어림하고 사용하였다. 덧셈 대신 뺄

---

15) 역자 주: 원문에 L 1이라는 코딩이 제시되지만, 앞서 설명한 코딩 스킴에 없는 것으로, 저자의 착오로 보인다. 따라서 저자가 분석한 내용에 맞추어 MM 1으로 수정하여 번역하였다.

16) 역자 주: 원문에 L 2라는 코딩이 제시되지만, 앞서 설명한 코딩 스킴에 없는 것으로, 저자의 착오로 보인다. 따라서 저자가 분석한 내용에 맞추어 WM 2로 수정하여 번역하였다.

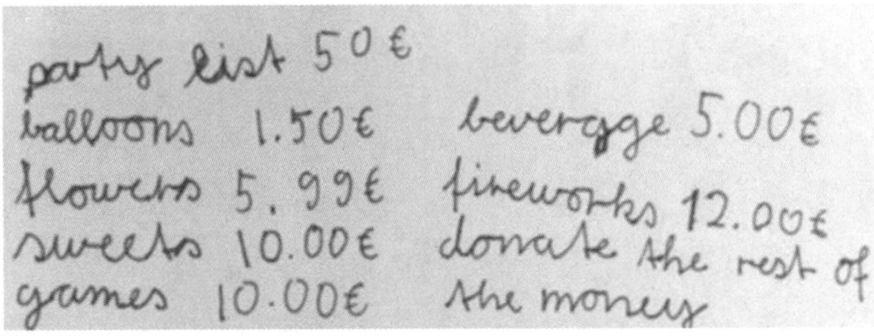

그림 3.8 학생 S2와 학생 S3의 풀이
("학급 파티" 그들은 50유로를 가지고 있다.)

셈을 사용했으며, 표기법과 언어화 때문에 그가 표준화된 뺄셈 표기법뿐만 아니라 알고리즘을 알고 있다는 것이 분명해졌다. 학생 S2의 모델링 과정은 매우 효과적이었고 자신의 결과를 해석할 수 있었다.

RM 2, RM 3, RM 5, MM 1, MM 3, 부분적으로 MM 4, WM 2, I 2

학생 S3는 처음에는 말을 거의 하지 않았다가 나중에는 유의미한 가정을 하기 시작하였다(**그림 3.8**). 자료를 검색할 뿐 아니라 가격을 어림하고 소수를 암산으로 계산하였다. 가격을 비교하고 자신의 결과를 해석하였다.

RM 2, RM 3, RM 5, MM 1, MM 3, WM 2, I 2

학생 R과 학생 P(4학년)

학생 R은 손님들의 수와 관련지어 가정하였고, 경험법칙을 이용하여 이 가정들을 단순화하였다. 한 봉지 안의 음식의 양을 어림했고 수학 외적 지식을 사용했지만, 최종적으로 어떤 해석도 하지 않았다

RM 2, RM 3, RM 4, RM 5, MM 1, MM 2, MM 3, MM 4

학생 P는 자료를 수집하고 가격에 대한 유의미한 가정을 하였다. 한 봉지 안의 음식의 양과 제공되어야 하는 예상량에 대해 주어진 정보를 활용하여 계산하였다. 나아가 학생 P는 중간 결과를 해석하였는데 이는 암산으로 뺄셈을 하여 얻은 결과이다.

학생 P는 추정하였다. 예를 들어, 음료의 총 가격을 알기 위해 한 병의 가격을 이용

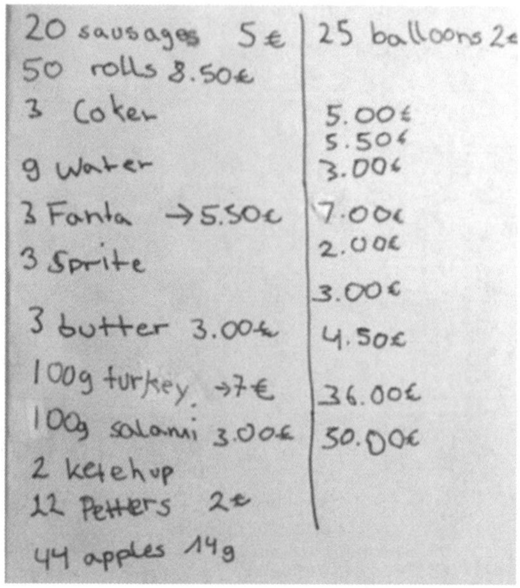

그림 3.9 학생 R과 학생 P의 풀이("학급 파티")

하였다(**그림 3.9**). 학생 P의 적극적인 모델링 과정은 다음 수준으로 나타난다.

RM 2, RM 3, RM 4, RM 5, MM 1, MM 3, WM 2, I 2

분석을 요약하면 수학 외적 수준과 내적 수준 모두에서 능력과 기능의 차이가 명백해졌다. 모델링 과정에서 모든 연령의 학생들은 다양한 역량 수준에서 활동하였다. 심지어 실제 모델을 만들 때조차 다양한 절차가 수행되었다. 2학년 학생들의 활동에서 특히 분명하게 나타났다. 학생 B는 문제를 참조하지 않고 단순히 자료를 수집했지만, 학생 J2는 가정을 비판적으로 논의하였다. 어떤 학생들은 오직 자연수로만 계산했고 어떤 학생들은 소수로 더 많은 것을 계산하였다. 3학년 학생 S2는 수학적으로 활동하는 동안 약간 실수를 했지만, 가격 계산은 4학년 학생들보다 높은 수준이었다. 어떤 1학년 학생들은 손가락을 이용하여 계산했고 어떤 1학년 학생들은 암산을 하였다. 3학년 한 명과 4학년 한 명에게 덧셈과 뺄셈의 수학적 표기법이 중요했지만, 같은 연령대의 나머지 학생들은 개의치 않았다. 그들은 단지 제품 옆에 가격을 나열하였다. 학생들은 모델링 과정에서 다양한 방법으로 수학 외적 지식을 포함하였다. 낮은 수준에서는 학생 B의 설명처럼 엄청난 양의 식음료에 대해 가정할 때 수학 외적 지식이 사용되었다. 예를 들어 학생 P는 자신이 했던 어림과 가정을 실생활에서의 상황과 비교했고 그의 추론으로 더 높은 수준에 도달하였다. 반면 학생 R은 낮은 수준에 머물렀다. 학생 R은 12리터를 상상할 수 없었고, 파티를 위한 음료의 양을 어림하기 위해 상대적 가치를 사용할 수 없었다.

정의된 수준과 통합하여 모델링 과정 및 개별 모델링 경로를 분석한 주요 결과는 개인의 역량 수준이 초기 단계에서 이루어진 가정과 단순화만큼 일찌감치 명확해진다는 것이다.

- 거의 가정하지 못하거나 자연수만 사용한다면, 모델링 과정의 낮은 수준에 있다.
- 초기에 사용된 가정과 단순화가 더 정교해지고, 자연수 대신 소수가 사용된다면, 모델링 수준이 더 높아진다.

조사 결과, 모델링 문제의 차별화 가능성이 매우 크고 맥락에 따라 하나의 문제를 1학년부터 4학년까지 사용할 수 있는 것으로 나타났다. 한 학년 혹은 한 학급에서 모든 학습자는 그들에게 적절한 수학적 수준 및 수학 외적 수준에서 활동할 기회를 얻는다. 결과적으로 교사의 목적은 일단 교실에서 모델링 활동을 시작하면 학생들의 모델링 역량을 향상하는 것이다. 모델링 사이클의 단계는 수학적 모델링의 성공에 필요한 하위 역량이다. 실제 모델을 만들어 가정하고, 수학화하고 수학을 적용하여 수학적 모델을 만들고, 수학적으로 활동하여 수학적인 결과를 얻고, 마침내 해석하고 검증하여 실제 결과로 마치는 것이다. 다음 절에서 모델링 역량에 대한 흥미로운 주제와 이를 신장하고 유도하는 방법에 대해 더 다룰 것이다.

3.2 수학적 모델링 역량: 신장 및 유도

모델링 역량들을 어떻게 지원할 수 있느냐는 질문은 나에게 매우 흥미로웠다.

이 진술은 모델링 세미나 이후에, 예비 교사가 작성한 소감문 중 일부이다. 모델링 역량은 학생뿐만 아니라 교사를 위한 모델링 활동에 중요하다. 다면적이고 메타인지적 학습 도구로서 모델링 사이클에 관한 장을 되돌아보면, 모델링 사이클의 여러 단계에 대한 지식은, 모델링 과정 중에 학생들에게 방향을 제시하는 데 유용하다. 교사는 학생들을 돕기 위해 모델링 단계를 구분할 수 있어야 한다. 따라서 이 단계들은 모델링 역량을 평가하기 위한 기초가 된다(2.2절 참조). Maaβ(2006)의 모델링 역량에 관한 연구의 개요에서는 모델링 역량의 특성에 대해서도 폭넓게 논의된다. 많은 연구자가 이 흥미있는 분야에서 다양한 초점으로 오랫동안 연구해왔다(예: Galbraith & Clatworthy, 1990; Money & Stephens, 1993; Haines & Izard, 1995; Blum & Kaiser, 1997; Ikeda & Stephens, 1998; Blomhøj & Jensen, 2007; Niss, 2004). 모델링 역량에는 몇 가지 특성이 있다. 그 중 Maaβ(2006, p.117)의 정의가 널리 받아들여지고 있다. "모델링 역량은 모델링 과정을 목적 지향적인 방식으로 적절히 수행하는 데 필요한 기능과 능력뿐만 아니라 이를 실천하고자 하는 의지까지도 포함한다."

모델링에 대한 논쟁은 모델링을 하위 역량과 전반적인 역량으로 구분한다. 하위 역량은 Blum & Kaiser(1997, p.9)에서 상세하게 명시한 모델링 사이클의 각 단계와 관련 있다는 것이 이미 분명하다. "실제 문제를 이해하고 현실에 기초한 모델을 세우기 위한 역량"은 다음을 의미한다.

- 문제에 대해 가정을 하고 상황을 단순화하는 것
- 상황에 영향 미치는 양을 인식하고 그것을 명명하며 주요 변수를 확인하는 것
- 변수들 사이의 관계를 구성하는 것
- 이용 가능한 정보를 찾고 적절한 정보와 부적절한 정보를 구별하는 것

실제 모델로부터 수학적 모델을 세우기 위한 역량은 다음을 의미한다.

- 적절한 수량과 관계를 수학화하는 것
- 필요하다면 적절한 수량과 관계를 단순화하는 것
- 적절한 수학적 표기를 선택하고 상황을 그래프로 표현하는 것

수학적 모델 속에서 수학적 문제를 해결하기 위한 역량은 다음을 의미한다.

- 문제를 부분으로 나누거나, 유사하거나 유추적인 문제와 관련짓거나, 문제를 재진술하거나, 문제를 다른 형태로 보거나, 수량이나 사용 가능한 데이터 등을 변경해보는 것과 같은 발견적 전략을 사용하는 것
- 문제를 해결하기 위해 수학적 지식을 사용하는 것

실제 상황에서 수학적 결과를 해석하기 위한 역량은 다음을 의미한다.

- 수학 외적 맥락에서 수학적 결과를 해석하는 것
- 특정 상황을 위해 개발한 해법을 일반화하는 것
- 적절한 수학적 언어를 사용하여 문제의 해법을 보이고 그 해법에 대해 의사소통하는 것

해법을 검증하기 위한 역량은 다음을 의미한다.

- 찾은 해법을 비판적으로 검토하고 반성하는 것: 해법이 상황에 적절하지 않으면 모델의 일부분을 다시 검토하거나 모델링 과정을 다시 수행하는 것
- 다른 문제해결 방법 또는 해법의 다양성 여부에 대해 반성하는 것
- 모델의 한계에 대해 일반적으로 논의하는 것

전반적인 모델링 역량은 모델링 과정 전체를 수행하고 이를 반성하는 데 필요한 능력과 관련된다(Kaiser & brand, 2015 참조). 위에 열거한 역량이 완벽한 것은 아니므로 Maaβ(2006), Kaiser & Schwarz(2010), Haines et al.(2001), Houston(2007), Galbraith & Stillman(2006) 및 Blomhøj(2011)가 요약한 후속 연구에 기초하여 일반적인 수준의 다양한 하위 역량을 구분할 수 있다.

- 자신이 개발한 수학적 설명(즉, 모델)을 통해, 실세계 문제를 적어도 부분적으로

풀 수 있는 역량

- 모델링 과정에 대한 메타 지식을 활성화함으로써 모델링 과정에 대해 반성하는 역량
- 수학과 현실 사이의 연결에 대한 통찰
- 결과가 아닌 과정으로서, 수학의 지각에 대한 통찰
- 수학적 모델링의 주관성에 대한 통찰. 즉, 모델링 과정이 목표, 사용 가능한 수학적 도구, 학생 역량에 의존함.
- 모둠에서 활동하는 능력, 수학을 통해 또는 수학에 대해 의사소통하는 능력과 같은 사회적 역량(Kaiser & Brand, 2015, p.111)

수학적 모델링의 교수 · 학습 과정에서 특정 하위 역량 또는 모델링 역량을 일반적으로 신장시켜야 하는가에 대한 논의는 지속되고 있다.

3.2.1 모델링 역량의 신장 및 유도

다음으로, 모델링 사이클의 단계와 관련된 하위 역량에 중점을 두어보겠다. 한편으로 여러분은 학습자의 모델링 역량의 향상을 각 하위 역량을 위해 특별히 개발된 요소를 사용하여 측정해야 한다. 다른 한편으로는 수업 평가에서 더 복잡한 모델링 문제로 모델링의 실행을 평가할 수 있는 스키마를 만들기 위해 하위 역량을 활용해야 한다. 마지막으로 총괄평가를 위해 개발된 모델링 과제와 일상적인 지도에 사용되는 모델링 과제의 차이점을 고려해야 한다. 이것은 5.2절에서 더 자세하게 논의될 것이다. 모델링 역량의 측정 방법에 대한 질문, 특히 장기간의 향상 정도를 측정하는 것은 광범위한 연구 분야이다. Houston(2007)은 역사적 전개를 세 단계로 설명했으며, 여기에 간략하게 소개하겠다.

- 첫 번째 단계에서는, 모델링의 여러 단계와 관련된 하위 역량의 목록을 사용한 전체적인 평가가 특히 중요하였다(Hall, 1984; Berry & LeMasurier, 1984).

- 영국 평가 연구 그룹(UK Assessment Research Group: ARG)의 프로젝트에서 강력한 평가 기준의 개발이 두 번째 단계로 나타났다(Haines et al., 1993).
- 세 번째 단계에서는, 미시적 평가가 중점적으로 이루어졌고, 모델링 과정의 8단계에 대한 선다형 질문이 개발되었다.

실증적 연구와 이 책에 제시된 학생들의 모델링 과정에서 분명히 보이듯, 모델링 사이클의 모든 단계는 인지적 장애가 될 수 있으므로 개인의 모델링 역량을 신장시키고 유도하는 것이 목적이 되어야 한다(예: Galbraith & Stillman, 2006; Blum, 2011; Borromeo Ferri, 2011).

여러분의 모델링 역량을 평가하려면 지금 "연료주입" 문제를 읽고 해결해 보아라(Grunewald, 2013). 그다음 연습문제를 통해 어떤 하위 역량이 신장되는지 생각해 보아라(**그림 3.10**).

문항 6: 연료주입

슈타인 씨는 국경에서 룩셈부르크까지 약 20km 떨어진 트리어에 살고 있다. 그는 차에 연료를 넣기 위해 국경 바로 옆에 있는 주유소 룩셈부르크로 간다. 여기서 연료 가격은 리터당 1.04유로이며, 트리어에서는 1.32유로이다. 이 이동은 정말 가치가 있는가?

다음 요인 그룹 중 과제를 계산하는 데 가장 중요한 것은 어느 것인가?

(A) 도시에서의 자동차 연료 소비, 하루 중 시간, 연료주입 시간	☐
(B) 연료주입 시간, 차에 탄 사람 수, 연료 탱크의 크기	☐
(C) 연료탱크의 크기, 룩셈부르크에서 연료주입 시간, 시골길에서 자동차의 연료 소비	☐
(D) 가장 가까운 주유소까지의 거리, 연료탱크의 크기, 자동차의 평균 연료 소비량	☐

그림 3.10 "연료주입" 문항(Grunewald, 2013)

컴퓨터 서비스 공간을 위해 새 프린터를 구입하려 한다. 알파 프린터는 하나당 p파운드이고 베타 프린터는 하나당 q파운드이다. 알파는 r㎡의 바닥 공간이 필요하고, 베타는 s㎡이다. 사용 가능한 전체 바닥 공간은 t㎡이다. 유형별로 적어도 b개를 구입해야 하며, 총예산은 A파운드를 초과해서는 안 된다.
x가 알파 프린터의 개수이고, y가 베타 프린터의 개수라면, 다음 옵션 중 상황을 수학적으로 모델링한 것은 어느 것인가?

A. $x \geq b$, $y \leq b$ $xr + sy \leq t$ 단, $px + qy \leq A$	D. $x > b$, $y > b$ $xr + sy < t$ 단, $px + qy < A$
B. $x \geq b$, $y \geq b$ $xs + ry \leq t$ 단, $py + qx \leq A$	E. $x > b$, $y > b$ $(x + y)(r + s) \leq t$ 단, $(p + q)(r + s) = A$
C. $x \leq b$, $y \leq b$ $xr + sy \geq t$ 단, $px + qy \geq A$	

그림 3.11 "프린터" 문항(Haines et al., 1993)

정답 (D)를 얻기 위해서는 문제를 이해하는 것이 중요하다. 실제 모델을 세우기 위해 주요 변인을 확인함으로써 가정을 하는 하위 역량이 신장되어야 한다. **그림 3.11**에 제시된 다음 문항(Haines et al., 1993)은 수학적 모델을 만들고 모델링 과정 내에서 수학적으로 활동하는 데 중점을 둔다.

수학적 결과의 해석과 검증은 중요하지만, 교사가 처음부터 신장시키지 않는다면 학생들은 이러한 하위 역량을 종종 무시하곤 한다. "거리" 문항(그림 3.12)은 이미 문제의 해결책이 제시되어 있지만, 학생들은 리사가 옳은지 아닌지에 대해 비판적으로 생각하고 논쟁해야 한다. 이와 같은 과제는 학습자에게 모델링 과정 중 이 부분을 연습하도록 돕는다.

모델링 역량을 측정하기 위한 과제는 공과 대학의 학생들을 위해 처음 개발되었으며, 그동안 중학교와 고등학교 수준의 새로운 문항이 개발되었다. 좋은 모델링 문제와 마찬가지로, 초등학교 수준에 적절한 평가 문항은 여전히 누락되어 있다. 초등학교에서 수학적 모델링 또한 현재 세계적으로 몇몇 규준의 일부라는 사실 때문에, 모델링 문제와 구체적인 수업 아이디어 및 자료에 대한 요구가 매우 높다.

어떻게 역량을 측정할 것인가에 대한 질문 외에도, 여러분은 모델링 활동을 시작할

문항 10: 거리

리사는 고속도로를 떠나 도로 표지판을 본다. "봐", 동생 펠릭스에게 설명한다. "표지판에는 뤼벡과 함부르크가 73km 떨어져 있다고 되어있네."

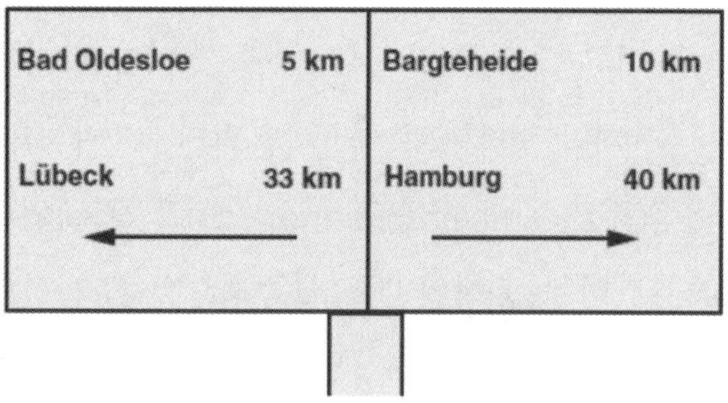

다음 중 가장 적절한 진술은 어느 것인가?

(A) 당신이 각각 뤼벡과 함부르크에 가고 싶다면 서로 반대 방향으로 가야 하므로 리사의 말이 옳다.	
(B) 뤼벡과 함부르크는 같은 길에 있을 필요가 없으므로 리사가 항상 옳은 것은 아니다.	
(C) 뤼벡과 함부르크는 같은 길에 있을 필요가 없다. 리사가 두 도시가 73km 이상 떨어져 있는 것은 아니라고 말한다면 옳다고 볼 수 있다.	
(D) 리사의 말이 옳다. 뤼벡과 함부르크가 73km 떨어져 있다고 표지판에 쓰여있다.	

그림 3.12 "거리" 문항(Grunewald, 2013)

때 모델링 지도를 위한 최선의 전략이 무엇인지 생각해야 한다. 수업 계획 및 실행에 관해 4.2절에서 더 자세하게 다루겠지만, 이러한 측면을 다음에서 모델링 역량과 관련하여 논의한다. 이론적으로, Blomhøj & Jensen(2007)은 전체론적 접근법과 원자론적 접근법을 제안한다. 이러한 두 가지 접근법을 통해 모델링 역량을 신장시키기 위한 구체적인 프로젝트를 실현할 수 있다. 모델링 문제 전체와 씨름할 때 전체론적 접근법이 가장 효과적일 수 있지만, 문제의 복잡한 정도가 학생들의 역량에 부합되어야 한다. 반면에 원자론적 접근법은, 특히 모델링 활동을 처음 시작할 때 모델링 문제 전체를 해결하는 것에 너무 많은 시간이 소요될 것이라는 가정에 기초한다. 따라서 모델링 과정 전체 중 한 단계만 다룸으로써 개별적인 하위 역량을 신장시키는 것이 목적이다. 최근 Brand(2014; Kaiser & Brand, 2015 참조)의 대규모 연구는 두 가지 접근 중 어느 것이 실제로 더 성공적인지를 실증적으로 조사하였다. 204명의 학생 표본과 함께 13개의 학급에 속한 교사들로 구성된 표본을 두 개 그룹으로 나누었다. 약 1년 동안 한 교사 그룹은 전체론적 접근법으로, 다른 그룹은 원자론적 접근법으로 연수를 받았다. 그리고 해당 수학 수업에서 모델링 문제들을 다른 접근법을 사용하여 실행하였다. 학생들의 모델링 역량의 향상은 사전-사후검사로 측정되었다. 그 결과, 어느 접근법에도 불이익은 없었다. 전체론적으로 또는 원자론적으로 가르쳐도, 모든 학생이 똑같이 괄목할만한 향상을 보였다.

이러한 연구 결과는 여러분의 첫 번째 모델링 활동에 무엇을 함의하는가? 원자론적 접근법은 하위 역량을 상세하게 강조하는 데 중요한 반면, 전체론적 접근법은 교수 모델링에 대한 경험이 거의 없거나 적은 교사에게 더 적합한 것으로 보인다. 또한 학생들에게 수학적 모델링에 대한 의미와 이해는, 처음에 하위 역량을 나타내는 단일 문항이 아니라 모델링 문제 전체에 대해 활동할 때, 더 명확해진다. 전체론적 접근법으로 시작하는 것은 어떤 하위 역량이 학생들에게 신장되어야 하는지를 진단할 가능성을 교사에게 제공한다. 몇 가지 하위 역량을 위해 구체화된 과제를 학생들이 연습하도록 준비할 수 있다.

3.3 과제의 실제 맥락의 개인의 모델링 과정에 대한 영향

수학교육 규준 내의 다른 실천이나 다른 수학적 주제들과는 대조적으로, 무엇이 수학적 모델링을 특별하게 만드는 것인가는, 실생활 문제에 기초한 질문이 있는 **실제 맥락**이다. 따라서 다음은 기억하기가 매우 쉽다.

실제 맥락과 실생활 질문이 없으면 – 수학적 모델링이 아니다!

여러 모델링 문제를 보면, 그 문제는 수학 외적 세계의 실제적인 부분을 다룬다. 수학 외적 세계의 이 부분을 "실제 맥락"이라고 부른다. 단지 수학 내적 질문이 아니라 과제를 위한 맥락이 있으므로, 주어진 상황은 문제에 대한 개인 활동에 영향을 줄 수 있다. 맥락에 따라, 그 상황과 관련된 사람의 유대관계나 경험은 다양한 정도로 나타날 수 있다. 또는 맥락이 아무런 역할을 하지 않을 수도 있다. 따라서 맥락에 대한 반응은 학생들 사이에 매우 다르다. 여러분이 짚더미 문제를 해결하고 농장에서 살았던 남학생의 반응에 대해 생각해본다면, 학생의 경험이 모델링 과정에 큰 영향을 미쳤다는 것을 알 수 있을 것이다.

몇 개의 실증적 연구에서, 과제 맥락의 영향은 성별, 문화 또는 다양한 교실 환경과 같은 특정 측면과 관련해서만 강조되었다(예: Clarke & Helme, 1996; Kaiser & Messmer, 1989; Boaler, 1993; Papastravidis et al., 1999). Stillman(1998, 2000)은 맥락의 연루 정도는 과제 유형에 의해 영향을 받으며 더 나은 성과와도 관련된다는 것을 강조한다.

수학적 모델링을 가르칠 때, 학습자의 반응을 분석하기 위해서는 맥락이 모델링 과정에 영향을 미친다는 것을 이해하는 것이 중요하다.

위에서 언급한 연구들은 개인이 맥락을 어떻게 다루는가에 대한 질문에 만족스럽게 답하지 못하였다. 그러나 Busse(2005, 2011), Busse & Kaiser(2003)의 조사 연구는 여러분의 실제 활동과 지도 융통성을 강조했기 때문에 그에 대한 통찰을 더 많이 제공한다. Busse(2011, p.39)는 실세계 맥락을 다음과 같이 특징짓는다.

실제적인 과제의 실세계 맥락은 과제 속에 내재된 언어적으로 또는 비언어적으로, 암묵적으로 또는 명시적으로 제공되는 수학 외적 상황뿐만 아니라 그 과제를 활동하는 사람의 개인적 해석까지 모든 측면을 포함한다.

Busse는 8명의 고등학생(16세와 17세)을 조사하였고, 실험 상황에서 3개의 실제적 문제를 짝끼리 해결하는 동안 그들을 녹화하였다. 녹화 후, 각 실험대상자는 개인적으로 해결 과정과 맥락에 대한 반성(회상 자극)을 위해 비디오를 시청하였다. 부가적으로 학습자에게 개별 면담을 실시하였다. 맥락을 다루는 학생들의 행동은 비디오테이프 녹화, 회상 자극, 면담으로 구성된 이 3단계 설계(Three-Step-Design)(자세한 내용은 Busse & Borromeo Ferri, 2003 참조)을 사용한 풍부한 양의 자료를 기반으로 재구성될 수 있었다. 예시를 위해 연구에서 사용한 세 개의 모델링 문제 중 하나를 여기 제시하겠다.

계속 읽어나가기 전에, 이 문제(**그림 3.13**)를 잠시 풀어보아라. 노인 회관을 어디에 세울지 적고 그 이유를 설명하라.

- 이 문제를 어떻게 해결했는가?
- 여러분의 첫 번째 접근법은 무엇이었나?
- 여러분의 주장은 무엇인가?
- 주어진 맥락에 대해 더 깊이 생각해보았는가?

예비 교사와 현직 교사를 위한 나의 워크숍 동안, 노인 회관을 그림 속의 점선 위 어디에 그리고 왜 지어야 하는가를 발표하는 순간은 매우 흥미로웠다. 추론은 문제를 해결하는 사람이 실세계 맥락을 어떻게 다루는 것을 선호하는가에 대한 직접적인 통찰을 준다. 이유와 해법의 폭은 광범위하고, 양극단은 늘 마찬가지다. 한편으로, 매우 수학적인 해법은 최솟값과 최댓값을 계산하고 이 결과를 바탕으로 노인 회관의 위치를 결정하는 것이다. 다른 한편으로, 노인 회관을 위한 장소는 노인들의 신체적 기동성과 관련한 몇 가지 근거에 의존한다. 이것은 다른 사람들보다 더 잘 걸을 수 있는 노인들이 멀리 떨어진 집에 살고 있음을 의미한다(왼쪽 및 오른쪽 점). 해결자가 노인의 맥락과 상황에 너무 강하게 몰두하고 있어서 해법을 계속 찾아야 함에도 불구하고 수학적 측면 즉, 계

> 작은 숲에 노인 주거 시설을 짓고 있다. 그림에는 7개의 주거용 건물을 검은 점으로 표시하여 나타냈다. 숲속에는 통로가 있다. 그래서 노인들은 덤불을 지나 걸을 필요가 없다. 통로는 굵은 선으로 표시되어 있다. 두 교차지점 사이의 통로(점선으로 표시됨)에 노인 회관을 짓기로 계획되어 있다. 이 회관은 오후에 커피를 제공하고 저녁엔 이벤트를 하기 위한 장소이다. 회관을 이 통로의 정확히 어느 지점에 세울 것인가가 문제이다.

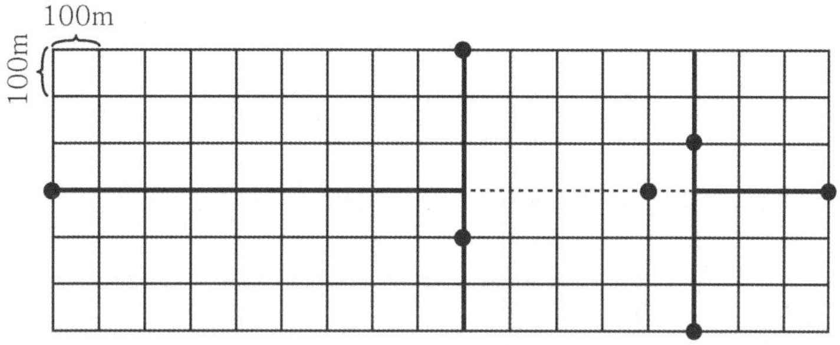

그림 3.13 "노인 회관"(Busse, 2005)

산을 간과한다. 여러분은 교사로서 어떤 결과를 받아들이겠는가? 결국, 어떤 것이 옳은 것인가? 과제의 개방성 덕분에 잘못된 해법은 없지만, 학습자는 모든 사람을 위한 최적의 해법에 대해 생각해야 하며, 최적의 해법은 위에 설명한 추론의 양극단 어느 것을 사용해도 도달될 수 있다.

다음의 설명은 이 연구에 참여한 4명의 학생에게 조사한 것이다. 노인 회관을 어디에 지어야 하는지에 대한 다양한 추론을 보여준다(Busse, 2005, p.356 참조).

학생 K1: 학생 K1은 과제를 수행하는 과정에서, 맥락적 아이디어를 전혀 발전시키지 못하였다. 그녀에게 맥락은 해결 과정에서 아무런 역할을 하지 못하였다. 그녀는 맥락적 아이디어가 과제를 해결하기 위한 적합한 수단이 아니라고 생각했고, 순수한 수학적 추론을 선호하였다. 순수한 수학적 접근법을 찾지 못했기 때문에, 차선책으로 과제 문장에 대해 독특한 해석을 하기로 한다. 과제의 문장인 '두 교차지점 사이'를 '두 교차지점 중간'으로 읽는다. 이렇게 하면 맥락적 아이디어를 사용하지 않고도 답을 얻을 수 있다.

학생 L2: 학생 L2는 맥락적 아이디어의 풍부한 세계를 발전시키고 그것을 과제 해결에 직접 사용한다. 학생 L2는 수학적 접근방법을 첫 번째로 선택하였다. 그러나 수학적 접근이 실용적이지 않다면 맥락적 아이디어를 과제 해결을 위한 적합한 수단으로 여겼다. 그런데도, 학생 L2는 순전히 맥락에 기초한 추론의 정당성을 약간 의심하였다. 그러나 이러한 의심을 주로 짝에 반응하는 형태로 나타낼 뿐, 주도적으로 발언하지 않았다. 학생 L2가 노인 회관을 짓기 위해 선호하는 위치는 왼쪽 교차지점에 가깝다.

학생 H1: 학생 H1은 과제를 수행하는 동안, 최적의 위치를 위한 기준을 찾고 결과를 검증하기 위해 맥락적 아이디어를 사용하였다. 따라서 모든 통로의 길이의 합이 최소가 되어야 한다는 기준을 사용하고, 수학적 방법을 적용하여 해법을 찾는다. 그래서 그에게 최적의 위치는 점선 위의 주거 건물에 가까울 것이다. 과제를 수행할 때, 그는 노인 회관 문제를 통해 증조할머니와의 경험에 대한 기억에서 비롯된 강렬하고 감정적인 맥락적 아이디어의 세계를 발전시킨다. 이러한 맥락적 아이디어로 인해 노인 회관의 다른 위치를 찾아냈지만, 학생 H1은 과제를 수행하는 과정 동안, 자신이 계산해 낸 첫 번째 결과를 선호하였다. 긴 고심 끝에, 마침내 맥락에 기초한 해법인 가장 긴 통로를 최소화한 것(즉, 왼쪽 교차지점 위의 위치)을 선택하기로 하였다. 그러나 이 결정은 회상 자극 단계에서만 일어났다.

학생 E: 과제를 수행하는 동안, 학생 E는 과제 해결을 위해 조용히 풍부한 맥락적 아이디어의 세계를 발전시킨다. 또한 사회적 문제에 관심이 많으므로 맥락에 흥미와 애정을 보였다. 그러나 맥락적 추론의 많은 측면을 과제 수행 동안 말로 표현하지 않았으며, 맥락을 참조하여 언급하는 것을 꺼렸다. 따라서 과제를 수행하면서 그녀가 말한 것 중 일부는 예상치 못했던 것이며, 그 말의 맥락적 기원은 회상 자극 단계 또는 인터뷰에서 그녀의 후기 발언을 분석함으로써만 이해할 수 있다. 학생 E의 선택은 왼쪽 교차지점에 가까운 위치이다.

언뜻 보기에 노인 주거 시설은 16~17세의 생활에서 아무런 역할을 하지 않기 때문에, 맥락이 고등학생에게는 연령상 부적절한 것으로 보인다. 이러한 생각을 받아들인다고 할지라도, 이 과제가 실증적 연구를 위해 제작되었음을 고려해보면 이 모델링 문제를 매우 좋은 과제이다. 여러분이 학생 H2와의 짝 해결 과정 동안 학생 I의 다음 반응들을 읽는다면, 맥락이 학생들의 활동에 얼마나 다양한 영향을 주었는지 상상할 수 있을 것이다. 학생 H2는 처음부터 수학적 측면에만 집중했고, 노인에 대한 논의를 생략하였다. 그리고 거리의 평균을 계산하고, 자신의 해법이 옳다며 학생 I를 설득시켰다. 회상 자극 단계에서 학생 I는 말하였다.

"학생 H2가 활동 과정에서 정말 열심히 한 건 분명해요. 다만 우리가 학생 H2의 제안을 좋아했다면, 노인들은 불행할 것이고 장거리를 걸어가야 할 거예요. 현실감각이 있다면 노인들에 대해 좀 더 생각해야 해요."

학생 I는 학생 H2의 과제 수행 방법을 이해할 수 없어서 충격받은 한편, 학생 H2는 자신이 무엇을 잘못했는지를 알지 못했다. 학생 H2는 수학적인 면에 더 집중하였고, 마침내 결과를 얻었다. 학생 I는 함께 논의했지만 이 결과를 받아들일 수 없었고, 결국 이 문제를 더 이상 해결할 수 없었다. 다음 진술에서는 왜 학생 I가 이와 같이 맥락 속에서 감정적으로 몰두했는지를 분명히 알 수 있다. "나는 돌아가신 할머니에 대해 생각해야만 했어요. 비록 할머니가 노인 주거 시설에 계시지 않았지만요. 나는 노인 주거 시설을 좋아하지 않아요. 뼈가 약해서 부러지기 쉬운 노인이 1km를 걸어가야 한다고 생각해 보세요. 이건 인간과 공정성에 관한 거예요."

Busse(2005, 2011)는 Weber(1973)의 실증적 자료에 기초하여 맥락을 다루는 이상적인 유형을 재구성하였다. 이는 Busse가 실험 대상들이 맥락을 다루는 방법 사이에서 유사점과 차이점을 밝혀냈다는 것을 의미한다. 이 네 가지의 이상적인 유형은 다음과 같이 구분할 수 있다(**그림 3.14**).

양면적 유형을 그림의 윗부분에 놓았다. 왜냐하면, 이 유형의 대표자들은 실제적 과제를 수학과 현실이라는 두 가지 측면으로 지각하기 때문이다. 그러나 이들은 과제를 해결하기로 되어있는 방법의 적합성에 대해 양면적이라고 느낀다. 내적으로는 맥락적으

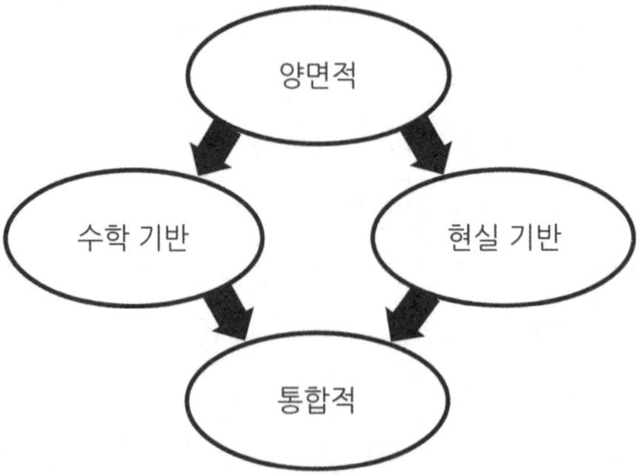

그림 3.14 맥락을 다루는 이상적인 유형(Busse, 2005)

로 강조된 추론을 선호하는 반면, 외적으로는 수학적 추론을 선호한다. 이러한 두 가지 방법의 추론이 공존할 뿐 전체로서 종합되지는 않는다.

현실 기반 유형의 대표자들은 실제적 과제를 과제 문장에 묘사된 현실 문제로 완전히 특징 짓는 것으로 간주한다. 이들은 모델링 과정 동안 수학 외적 개념과 방법을 사용한다. 현실 문제를 수학화하지 않으며 수학적 방법을 적용하지 않는다.

수학 기반 유형의 경우, 실제적인 과제의 맥락은 거의 장식에 지나지 않는다. 과제 문장에서 사용된 맥락적 표현을 즉시 수학적 표현으로 번역한다. 과제 문장에서 주어진 맥락적 정보 중 양만을 사용한다. 추가적인 개인적이며 맥락적인 지식과 경험을 고려하지 않는다. 따라서 과제는 오로지 수학적 방법만으로 해결해야 한다.

마지막으로 **통합적 유형**의 대표자들은 현실 맥락 속에서 실제적인 과제를 인식하지만, 수학적 방법도 적용한다. 이들은 수학적 모델을 세우고 검증하기 위해, 맥락에 대한 개인적 지식과 경험을 사용하고, 수학적 방법을 적용한다.

여러분들은 이러한 특성들을 읽은 후에, 연습 삼아 학생 I와 학생 H2가 어떤 이상적인 유형에 속하는가를 생각해 볼 수 있을 것이다. 일반적으로 모든 학습자에게 그들이 좋아하고 스스로 다룰 수 있는 실제 맥락을 만족스럽게 제공하기는 어렵다. 그러나 수학적 모델링은 학생들에게 실생활에 대한 질문과 주변 세계에서 필요한 수학이 무엇인가에 대한 통찰과 폭넓은 시각을 제공한다.

4장

교수 역량: 효과적인 양질의 수업을 위해

수학적 모델링을 가르치는 방법을 학습하는 것은 하나의 과정이다.

– 교사 D

4.1 좋은 수업에 대한 질적 기준

좋은 수업의 특징은 무엇이고, 좋은 교수는 무엇인가? 이것은 어려운 질문인데 왜냐하면 "좋은"이라는 말이 다양한 방식으로 해석될 수 있기 때문이다. 학생들이 효과적으로 활동했고, 주로 스스로 문제를 해결하는 데 시간을 보냈으며 나중에 결과를 논의했다면 그 수업을 좋았다고 할 수 있는가? 교사가 항상 여러 가지 교수법을 사용하거나 학생에게 하나의 활동지가 끝나면 연이어 또 다른 활동지를 제공하는 것을 좋아하기 때문에 그 수업이 좋았다고 할 수 있는가?

지난 수십 년 동안 여러 실증적 연구에서는 학생들을 제일 나은 방법으로 교육한다는 목적으로 좋은 수업을 계획하고 실행하는 데 필요한 질적 기준을 체계적으로 연구하였다. 예를 들어, Meyer(2006)는 교과와 관계없이 좋은 수업을 위한 열 가지 기준을 만들었다(**표 4.1**).

표 4.1 좋은 수업을 위한 열 가지 기준(Meyer, 2006)

1. 명확한 지도 구조	6. 다양한 교수 방법
2. 긴 활동 시간	7. 개별적인 지원
3. 학습에 도움이 되는 분위기	8. 지적인 연습
4. 내용 명확성	9. 성취 목표에 대한 명확한 설명
5. 의미 있는 의사소통	10. 잘 준비된 학습 환경

특히, 경험이 없는 교사들에게는 일상적인 지도에서 이런 측면을 포함하기 위해 시간, 경험, 지속적인 반성이 필요하다. 전문가에게도 마찬가지다. 교사가 자신의 교수 행동에 대한 피드백을 얻는 것이 매우 중요하며, 특히 학교에서 지도를 시작할 때 그러하다. 위의 기준은 실천하기 쉬워 보이지만 학교에서 가르치는 누구나 지도라는 것이 얼마나 복잡한지 알고 있다. 심지어 수학적 내용에 집중하는 것을 어렵게 하는 학생들의 모든 사회적인 문제와 훈육적인 문제들을 배제할 때도 그러하다.

수학적 모델링 및 수학 응용 지도가 요구되며, 모델링 문제가 학생과 교사 모두에게 새롭고 발전된 과제 형식이라는 점에서 자체의 규칙을 따른다. 이어서, 실증적 결과물에 기초하여 수학적 모델링을 위한 지도법의 다섯 가지 중요한 측면을 제시한다(Blum, 2015). 이는 또한 위에 제시한 몇 가지 기준을 포함한다.

4.1.1 효과적인 학습자 중심 수업 관리

수업 관리는 최근 교육 연구 분야에서 광범위하게 사용되는 용어이다(예: Hattie, 2009; Timperley, 2011). 그것은 공동의 구성적인 모둠 활동과 학생들이 스스로 생각할 시간을 통해 최상의 인지적 결과를 얻을 수 있는 방식으로 수업을 조직하고 구조화하는 교사의 능력을 말한다. 그래서 단지 교사의 활동을 통해 지식을 흡수하는 것보다 다량의 "인지 활성화"를 포함한다. 그러므로 모델링 수업을 계획할 때 여러분은 학생들에게 "학습 시간"이 충분할지 확인해야 한다. 이것은 모델링 문제에 대해 활동하는 시간과 수업 끝에 학급 전체가 결과에 대해 논의하고 반성하는 시간을 의미한다. 학생들이 학습과 평가가 분리되어 있다는 것을 인식하는 것이 중요하다. 학생들이 모델링 문제에 대해 활동하는 동안 여러분이 해야 할 일은 각 모둠에 가서 해결 진행 상황을 보고, 학생들의 실수를 생산적으로 사용하는 것이다. 예를 들어, 한 모둠이 수학적 모델을 만드는 것에 대해 잘못되거나 비합리적인 가정을 하고 그래서 해결하는 동안 문제가 발생하였다. 여러분은 오개념을 명확화하기 위해 그 모둠에게 그들의 사고 방법을 학급 전체와 논의하도록 요구할지를 결정할 수 있다. 또한 해법을 발표하는 동안의 실수는 '모든 오답은 다른 질문에서는 정답이다'를 좌우명 삼아 학습 기회로 보아야 한다. 모델링 코스를 설명할 때 제1장에서 언급했듯이, 모둠 활동은 모델링 활동의 필수적인 부분이다. 모델링 문제를 해결하는 것은 사회적인 환경뿐만 아니라 인지적인 환경도 함께 증진시키는 것이다(Reusser, 2001).

4.1.2 학습자의 인지 활성화

학습자의 인지 활성화를 자극하는 것은 모든 수업의 목표여야 한다. 물론 수학에서, 다양한 과제는 다양한 수준의 인지 활성화를 증진할 수 있다. 인지적으로 참여한다는 것은 학생들이 먼저 자신의 아이디어를 가지고 적극적으로 참여하고 또한 모둠 활동이나 전체 수업에서 활동적임을 의미한다. 모델링 문제로 활동하는 것은 개개인을 다양한 수준에서 자극하며, 이를 통해 Schoenfeld가 말한, "모델링은 관중스포츠가 아니다."라는 것이 많은 학생에게 명백해질 것이다.

4.1.3 학습자의 메타인지 활성화

메타인지 활성화는 수학적 모델링의 교수 · 학습의 결정적인 부분이어야 한다. 첫 번째 모델링 수업을 시작하면서 동시적인 반성과 회고적인 반성이 격려되어야 한다. 2.2절에서 모델링 사이클은 학생들의 메타인지적 활성화를 위한 하나의 도구로 제시되었다. 모델링 단계와 전체 과정에 대한 지식은 학생들에게 문제를 해결하는 동안 더 나은 방향을 제공한다. 예를 들어, 학생들은 수학적 결과를 검증할 필요를 더 많이 인식하였다. 마찬가지로, "어떤 아이디어로 인해 수학적 모델을 만들게 되었는가?" 또는 "주어진 실제 상황에 대해 적절한 정신적 표상을 형성했는가?"와 같은 질문 또한 학생들을 메타인지적으로 자극한다.

4.1.4 다양한 해법 격려하기

모델링 문제에 대한 가능한 정답의 범위는 있지만 "유일한 정답"은 없다. 이런 생각에 익숙해지려면 잠시 동안 수학적 모델링에 모두 초심자가 되어야 한다. 교사 대부분은 특히 모델링을 가르치기 시작할 때 자신의 해법을 매우 선호하는 경향이 있다. 모델링 문제를 해결하는 과정의 다양성은 그 과정을 통제 불가능하게 만들고, 따라서 때때로 모든 가능한 해법이 명백한 것은 아니므로 교사는 종종 어려움을 겪는다. 그럼에도 불구하고 여러분은 학생들이 자신의 선호에 따라 다양한 해법을 만들도록 격려해야 한다. 2.3절에서 개별 모델링 경로가 학습자의 수학적 사고 양식에 의해 영향을 받는다는 것이 명백해졌다. MultiMa 프로젝트[17](Schukajlow & Krug, 2014)의 결과는 다양한 해법을 개발한 학생들에게 더 높은 학습 성취가 있음을 보여준다. 그래서 메타인지의 활성화 측면을 염두에 두면 "다른 방식으로 문제를 풀 수 있는가?"라는 심화 질문이 가능하다.

4.1.5 장기 학습 과정으로서의 수학적 모델링

수학적 모델링의 학습과 교수는 둘 다 장기 학습 과정이다. 수학적 모델링이 교육과정이나 교육 규준에 포함되는 나라에서 수학은 초등학교에서 시작하며 고등학교까지 계속되어야 한다. 예를 들어, 중학교 교사에게는 학생들이 더 일찍 수학적 모델링에 대해 배웠다면 아무것도 없는 상태에서 이 분야를 시작하는 것보다 쉬울 것이다. 초등학교에서 수학적 모델링은 종종 불가능해 보이는데, 수학적 개념 발달이 여전히 성장 중이고 수학적 내용의 깊이가 제한적이기 때문이다. 하지만 그렇지만은 않다. 고등학교에서 사용하는 것보다 덜 복잡한 과정의 실생활 문제를 사용하면 수학에 대한 학생의 관점을 변화시킬 수 있다. 나는 장시간 예비 교사와 현직 교사와 함께하면서 수많은 훌륭한 초등학생용 모델링 문제를 개발하고 지도하였다. 이 문제 중 하나를 다음 장에 소개하고자 한다. 장기 학습 과정은 또한 수학적 모델링 지도가 연속성을 가짐을 의미한다. 이것은 한 학년 동안 한두 개의 모델링 문제를 학생에게 제공하는 것을 함의하지 않는다. 모델링 문제는 수학적 내용과 강력하게 연결되어 있어서 독립적으로 사용될 수도 있고, 특정한 주제에 집중하여 사용될 수도 있다. 모델링 역량을 증진하기 위해 적어도 한 달에 두 개의 모델링 문제를 다뤄야 학생들의 수학적 신념이 변화할 것이다.

---

17) 역자 주: Multiple solutions for Mathematics teaching oriented towards students' self-regulation, 학생들의 자기 주도적 학습을 지향하는 수학교육을 위한 다중 해법

4.2 수학적 모델링 수업의 계획과 실행

이 절은 두 개의 주요 부분으로 구성되어 있다. 첫째, 수학적 모델링 수업의 계획과 실행을 위한 여덟 가지 원칙이 제시되는데, 이는 모델링을 가르치는 첫 경험을 위한 지침으로 볼 수 있다. 둘째, 지도의 질적 기준이 좋은 모델링 수업을 위해 어떻게 구체화될 수 있는지 보이기 위한 수업 계획 사례를 제시한다. 이 수업의 핵심은 부피에 초점을 맞춘 모델링 문제로, 6학년과 8학년 학생에게 적합하다.

4.2.1 제1부: 수학적 모델링 수업의 계획과 실행을 위한 8개의 원칙

준비와 계획을 위한 네 가지 원칙과 실행과 반성을 위한 네 가지 원칙을 모델링 지도, 계획, 예비 교사와 현직 교사의 수업 참관에 따른 저자의 경험에 기초하여 제시한다.

준비와 계획

1. 흥미로운 맥락이 있고, 문제 지향적이고, 현실적이며, 실제적이고, 모델링 사이클의 **모든 단계**를 통해 해결할 수 있는 적절한 모델링 문제를 선택하라.
2. 이 문제를 모델링 사이클의 모든 단계를 거쳐 스스로 해결하라. 문제의 여러 가지 해법과 가능한 모델/공식을 최소 세 가지 이상 기록하라. 학생들이 이 문제로 활동할 때 겪을 수 있는 잠재적인 인지 장애에 대해 생각하고 우수한 학생 또는 도움이 필요한 학생을 위해 적절한 개입을 준비하라.
3. 수업의 주요 목적에 대해 생각하라. 학생들이 이 과제를 통해 어떤 수학적 내용에 대해 깊게 이해하길 바라는가? 해석이나 검증과 같은 학생들의 모델링 하위 역량 향상에 초점을 맞추길 바라는가? 추가적인 "사회적 목적", 예를 들어 학생들의 모둠 활동을 관찰하고 그들에게 피드백을 제공하고 도움으로써 결과에 이르기까지 더 효과적으로 활동할 수 있기를 원하는가? 이런 측면들을 스

스로 분명히 하라.

4. 여러분이 선택한 모델링 문제를 위해 어떤 도구가 필요한가? 학생들이 테크놀로지를 사용해야 하는가? 만약 그렇다면 테크놀로지를 어떻게 모델링 과정과 결합할 수 있는가?
5. 모델링 문제에 필요한 시간에 대해 고려하면서, 수업 계획에 대해 여러 단계의 기간을 생각해보아라. 학생들이 문제를 해결하고 결과를 토의할 수 있는 시간이 충분한가? 어떤 방법이 여러분의 학급에 적합한가? (나중에) "도움 카드"와 같은 추가 자료가 필요한가?

실행과 반성

1. **여러분**이 수업을 시작할 때 학생들이 여러분을 바라보고 조용히 하길 원한다는 것을 분명히 하라. 이것은 자명한 것처럼 들리지만, 세계의 여러 교실에서 간과된다. 우선, 학생들은 문제가 무엇에 대한 것인지 이해할 시간이 필요하다. 둘째, 학생들이 어떻게 이 문제를 가지고 (짝 또는 모둠으로) 활동할지 알아야 한다. 모둠 활동을 시작하기 전에, 나중에 해답을 어떻게 발표할 것인지 말하라. 모든 모둠이 효과적으로 활동하기 원한다면, 발표 모둠을 하나 또는 두 개 선택하겠다고 하라.
2. 모둠 활동 동안 돌아다니면서 학생들의 모델링 과정을 기록하라. 해결을 위해 서로 다른 모델을 사용하는 모둠들을 관찰하라. 이 모둠들과 함께 여러분의 발표를 시작할 수 있으며 추후 토의를 위해 좋은 기반을 구축할 수 있다.
3. 수업의 목적과 관련하여, 여러분은 목적을 달성하고 있는가? 그리고, 수업 계획에 대한 만족도와 관련하여, 계획된 모든 것을 하기에 시간이 충분한가?
4. 반성: 특히 초임 교사의 경우, 처음 계획 시 나중에 보일 것과 같은 수업 계획을 세우는 것이 도움이 된다. 숙련된 교사는 모든 것을 파악하고 있으므로 나중에는 그렇게 세세한 계획을 필요로 하지 않는다. 그러나 수업 중 성공적으로 이루어진 것과 그렇지 않은 것, 다음 수업을 위해 최적화될 수 있는 측면 등을 반성해야 한다.

수학적 모델링을 처음 지도할 때, 이 체크리스트는 첫 번째 수업 동안 여러분을 안내하기에 매우 유용하다. 동료 수업을 관찰하고, 여러분도 마찬가지로 수업을 공개한 다음 함께 반성하는 것이 최적의 상황이다. 바쁜 학교생활로 인해 종종 이러한 반성이 불가능하다. 위의 목록에서 예컨대 “도움 카드”와 같은 일부 제안은 자세히 설명하지 않았다.

이 책의 몇몇 예시에서 학생들이 처음 모델링 문제를 풀 때 필요한 데이터를 주지 않아서 종종 어려움에 처한다는 것이 분명하다. 여러분은 학생들이 필요한 데이터를 얻는 방법에 대해 다양한 가능성을 생각할 수 있고, 또는 계속해서 문제를 풀기 위한 힌트를 줄 수도 있다. 그중 하나가 “도움 카드”이다.

도움 카드의 목적은 학생들이 의존하지 않고 독립적으로 활동하게끔 촉진하고 필요 수준에 따른 도움을 제공하는 것이다. 도움 카드가 여러분이 사용할 모든 모델링 문제에 필수적인 것은 아니다. 사실상 다음은 어떤 학생들에게 도움이 필요하고, 어떻게 이 도구를 사용하는지를 알아보는 방법이다. 도움 카드에 대해 설명한 후, 학생들은 나중에 보여줄 도움 카드가 수준별로 잘 정리되어 놓인 교사의 책상이나 다른 장소로 갈 수 있다. 실제로 도움 카드가 어떻게 활용되는지 보여주기 위해, 2.1절의 “짚더미” 문제에 대해 언급한다. 학생들은 이 짚더미 산이 얼마나 높은지 가능한 한 정확하게 찾아내야 한다. 몇 개의 짚더미 위에 사람이 앉아 있는 그림이 주어진다. 짚더미의 높이를 측정하기 위해 그림 속 사람을 이용할 수 있다는 것을 모든 학생이 알아차리지는 못한다. 몇몇은 여러분에게 와서 무엇을 해야 할지 물을 것이고, 다음과 같은 첫 번째 도움을 줄 수 있다. “문제를 주의 깊게 다시 읽어보렴. 무엇이 주어졌고 무엇이 빠졌는지 적어보렴.” 더 어린 학생이 이 문제를 해결한다면, 누락된 사람의 키에 대한 더 강력한 도움 카드를 제시할 수 있다. 만약 학생들이 이 지점에서 진전을 보이지 않거나 짚더미 높이를 추정하기 위해 사람을 활용할 아이디어를 얻지 못한다면 “그림 속 사람을 보라. 그 사람의 키는 어떠한가? 자신의 답을 짚더미의 높이를 어림하기 위해 사용하라.”라고 적힌 도움 카드가 필요하다. “남녀에 상관없이, 사람의 키는 평균적으로 1.65m에서 1.85m 사이이다.”라고 적어주는 것은 더욱 강력한 힌트이다. 여러분은 “짚더미” 문제를 해결하기 위한 두 가지 가능한 모델을 보았다. 짚더미의 높이를 어림하여 계속 더하는 것이 한 가지 방법이었지만, 피타고라스의 정리에 초점을 맞춘다면 간단한 것부터 시작하여 더 많은 도움 카드를 준비해야 할 것이다. "덧셈 외의 다른 해법을 찾아보아라!" "짚더미의 산에 삼각형이 보이는가?" "직각삼각형의 특징은 무엇인가?"와 같은 도움 카드로 시작할 수 있다. 마찬가지로 강력한 힌트는 "피타고라스 정리의 공식은 $a^2+b^2=c^2$"를 제시하는 것이다.

다양한 수준의 도움 카드가 가능하다. 4.3절에서는 학생들이 모델 활동에 참여하는 동안 교사 개입에 대한 논의 내에서 지원의 분류 체계(Zech, 1998)에 대해 더 자세히 설명한다. 일반적으로, 도움 카드는 학생들에게 어떤 모델링 하위 역량이 이용 가능한지 알아내기 위한 좋은 진단 도구이기도 하다. 도움 카드의 예는 다음과 같다.

일반 전략 카드

문제를 주의 깊게 다시 읽어라. 주어진 것이 무엇이고 빠진 것이 무엇인지 쓰고 그림을 그려라.

내용 관련 전략 카드

그림 속 사람을 보라. 그 사람의 키는 얼마인가? 짚더미의 높이를 어림한 결과를 사용하라.

내용 관련 카드

피타고라스 정리의 공식은 $a^2+b^2=c^2$

4.2.2 제2부: 모델링 문제 "이사"를 위한 수업 계획

다음 모델링 문제는 부피에 초점을 맞춘 6학년~9학년용 문제이다. 문제 맥락은 이사를 다루며, 문제는 몇 개의 이삿짐 상자를 사진에 보이는 차에 넣을 수 있느냐 하는 것이다. 이사는 많은 학생에게 친숙한 맥락이다.

이사

여러분의 누나가 매형과 함께 새집으로 이사를 간다. 돈을 절약하길 원하므로, 짐이 많지만 그림에 보이는 작은 차를 단 하루 동안만 빌렸다. 그들을 돕기 위해 최대한 많은 이삿짐 상자를 넣을 수 있는 최적의 방법을 생각해보자.

- 여러분의 해법을 설명하시오.
- 그림을 그리시오.
- 해법이 타당한지 모둠원과 논의하시오.

수업 계획을 위한 목적을 형식화하면서, 수학적 내용과 수학적 실천을 유사하게 강화해야 한다는 것이 강조되었다. 이 문제를 적용했던 학급 대부분은 이전에 모델링 문제로 활동한 적이 없었다. 따라서 학습자들은 다음을 해야 했다.

- 모델링 문제와 그 본성에 친숙해지기 위해 모델링 과제로 개별 및 모둠 활동하기
- 다양한 문제해결 전략/모델을 개발하고 평가하기
- 빠진 데이터를 얻기 위해 어림 또는 측정을 통해 적절한 가정하기
- 여러 기초 수학 연산, 측정 능력(예: 부피 계산)을 사용하고 반복하고 심화하기
- 모둠 활동 내에서 의사소통 능력과 사회적 역량 기르기

가능성 있는 두 가지 해법을 다음과 같이 매우 간략하게 나타낸다. 여러분이 알아차린 것처럼, "이사 문제"는 과제를 읽은 후 질문을 명확히 할 때 또는 모둠 활동 중 질문

이 제기되었을 때 '최적'의 의미에 대해 학생들과 토의를 유발한다. 학생들은 이 맥락에서 '최적'이란 이삿짐 상자의 크기에 따라 최대 개수를 차 안에 배열하는 것과 관련이 있다는 것을 이해해야 한다. 이 전에, 이삿짐 상자의 크기와 차량의 짐 싣는 공간을 결정해야 한다. 문제를 시작할 때, 이것은 학생들에게 첫 번째 인지적 장애가 될 수 있다. 차량의 짐 싣는 공간은 사진 속의 인물을 이용하여 어림할 수 있으며, 교사가 허락한다면 학생들은 인터넷에서 이삿짐 상자의 크기를 검색할 수 있다. 많은 회사가 다양한 크기의 이삿짐 상자를 제공하므로 학생들은 어떤 제품을 사용한다고 가정할 것인지 결정할 수 있고, 마침내 수학화하여 수학적 모델을 세울 수 있다. 가능한 두 가지 해법이 다음과 같다.

방법 1: 부피를 이용한 해법

이 방법에서는 차량의 짐 싣는 공간의 부피와 이삿짐 상자의 부피를 결정한다. 이렇게 하면 차에 넣을 수 있는 상자의 수를 대략 어림할 수 있다. 그러나 이 방법은 실제로 최적은 아니다. 사람의 키는 약 1.85m로, 차의 높이를 어림하는 것을 돕는다. 차의 바퀴를 빼면, 짐 싣는 공간의 높이는 약 1.15m이다. 차량의 짐 싣는 공간을 정육면체로 가정하면 부피는 다음과 같다.

$$V = a^3 = (1.15\text{m})^3 \approx 1.52\text{m}^3$$

부피를 구하기 위해 여러분이 이삿짐 상자 하나를 교실로 가져와서 학생들이 그 크기를 측정하거나 인터넷을 통해 검색할 수 있다. 예를 들어 높이(h) 38cm, 가로(w) 36cm, 세로(l) 65cm를 얻었다면, 다음과 같이 부피를 계산할 수 있다.

$$V_k = l \times w \times h = 0.65\text{m} \times 0.36\text{m} \times 0.38\text{m} \approx 0.089\text{m}^3$$

상자의 개수를 어림하기 위해 짐 싣는 공간의 부피를 이삿짐 상자의 부피로 나눌 수 있다.

$$\frac{V}{V_k} = \frac{1.52\text{m}^3}{0.089\text{m}^3} \approx 17.1$$

이 결과는 대략 17개의 이삿짐 상자가 차에 들어간다는 것을 보여준다. 이것이 정확하고 타당한가? 물론 이 결과는 처음에 세운 가정에 따라 달라진다. 이 방법을 사용하면 이삿짐 상자를 자를 수 있고 따라서 짐 싣는 공간의 전체 부피를 제약 없이 사용할 수 있다고 가정해야 한다. 이는 사실상 현실에 부합하지 않으며, 가능하고 의미 있는 다른 해법에 대해 생각해야 한다. 앞서 언급된 측면을 반성하고 결과를 검증한 후에는 옳게 된 이 방법을 많은 학생이 선호하였다.

방법 2: 테셀레이션을 이용한 해법

이 해법에 따르면 우선 짐 싣는 공간의 밑넓이를 결정해야 한다. 이것은 차 근처에서 있는 사람을 이용하여 어림할 수 있다. 그렇게 하여 가로 1.15m와 세로 1.30m를 얻을 수 있다. 이제 학생들은 짐 싣는 공간의 평면도를 작성할 수 있다. 그다음 상자의 크기를 확인하여 평면도를 채울 수 있다. 이삿짐 상자의 개수를 세면 한 층 당 6개라는 결과를 얻는다(**그림 4.1**).

다음 단계로 학생들은 얼마나 많은 상자를 쌓을 수 있는지 결정해야 한다. 첫 번째 어림을 사용하여 짐 싣는 공간의 높이가 가로(1.15m)와 같고 이삿짐 상자의 높이가 약 36cm라고 가정할 때, 얼마나 많은 상자를 쌓을 수 있는지 명확해진다.

1.15m를 0.36m로 나누면 층수로 3.2를 얻는다. 버림하여 3이 되고 그것에 6을 곱하면 18개의 이삿짐 상자라는 결과를 얻는다. 다시금 이 결과는 이삿짐 상자 크기에 대해 처음 했던 가정에 크게 의존하며, 어림한 짐 싣는 공간과 크게 다를 수 있다. 12개나

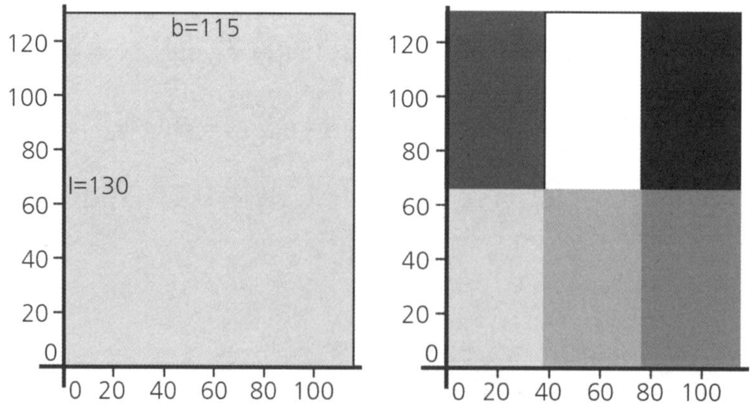

그림 4.1 짐 싣는 공간의 밑면(왼쪽)과 이삿짐의 테셀레이션(오른쪽)

표 4.2 모델링 문제 "이사"의 수업 계획

시간	단계	활동	자료/사회적 형태
5분	인사/도입	교사는 수업 일정을 설명한다.	교사 설명
10분	활동지	교사는 모델링 문제를 제시하고 질문을 명확히 한다. 학생들은 활동 모둠을 만든다.	활동지, 교사 설명
40분	활동 단계	모둠별 문제해결하기 해법으로 포스터 만들기 발표 계획하기	활동지, 포스터, 모둠 활동
20분	발표	발표할 두 모둠이 선택되고 다른 모둠은 발전적 생각/결과/수학적 모델을 추가할 수 있다	학생 발표
10분	검증/반성	다양한 결과를 논의하고 반성한다. 특히 검증을 강조한다.	전체 토의
5분	피드백	교사는 수업을 위한 피드백을 얻는다.	피드백 종이나 다른 피드백 방법

8개와 같은 다른 결과가 가능하다. 중요한 것은 학생들이 어떻게 이삿짐 상자의 수를 결정하는지 토의하고, 반성하고, 검증하는 것이다. 이런 식으로 과제의 잠재적인 토의 지점을 분석하는 것이 학습 계획의 출발점이어야 한다. 여러분이 모델링 문제의 잠재력을 안다면, 학생들이 이 문제에 대해 활동하기 위해 얼마나 많은 시간이 필요한지 또는 해결 과정 동안 어떤 어려움이 일어날 수 있는지 안다.

90분 시간표에 따른 수업 계획이 제시된다. 학생들의 문제해결 시간을 줄이거나 발표 단계에 오랜 시간을 할애하지 않음으로써 시간을 단축할 수 있다. 수업 계획은 다르게 구조화될 수 있고, 각 단계는 다양한 이름을 가질 수 있다. 그러나 수업 계획은 좋은 수업의 질적 기준을 따라야 한다. **표 4.2**의 계획은 시간, 단계, 활동 및 자료(예: 활동지, 컴퓨터)/사회적 형태(예: 모둠 또는 짝 활동, 전체 토의, 교사 안내)로 나누어지며, 이는 세계 대부분 지역의 수업 계획과 공통적이다.

이 수업을 다양한 학교 및 연령대(12~16세)에서 실행할 때 이 시간표는 적절하였다. 모델링은 시간이 필요하고, 이는 단지 모델링을 배우기 시작할 때뿐만이 아니다. 종종 처음에 했던 가정이 적절하지 않았고, 모둠은 모델링 과정을 다시 시작해야 했다. 좋은 수업의 질적 기준에 따르면, 학생들이 충분한 시간을 갖고 토의하고 마지막에 그 결과를 기록하는 것이 필요하다. 학생들의 모델링 활동 동안 여러분은 학생들에게 동기를 부여하고 모델링 문제해결을 위한 힌트를 주기 위해 여러 모둠을 주의 깊게 관찰해야 한다. 워크숍과 대학 세미나에서 현직 교사와 예비 교사가 했던 가장 흔한 질문 중 하나는 "모델링하는 학생들을 어떻게 지원할 수 있으며 수업 중에 교사의 역할은 무엇인가?"이다. 이 질문에 대해 다음 절에서 다룬다.

4.3 모델링 활동 중 개입

학생들이 모델링 활동을 하는 동안 학생들을 지원하는 것은 수학적 모델링을 가르치는 중요한 부분이고, 이론적인 배경이 필요하다. 이러한 지식은 위에서 제기된 질문에 훨씬 쉽게 답할 수 있게 하며, 또한 5장에서 논의된 바와 같이 진단, 평가 및 채점의 기반을 구축한다. 교사 개입과 관련된 세부 사항을 살펴보기 전에 교육에서 "알아차림(noticing)"기술이 언급되어야 한다(Sherin et al., 2011 참조). Mason(2002)에 따르면, 알아차림은 교사 교육의 기본 요소이다. Star & Stickland(2008)는 가르침으로부터 배우는 능력이 주목할 가치가 있고 중요한 것을 식별한다는 의미에서 '알아차림' 능력에 달려있다고 지적한다. Galbraith(2015)는 '알아차림'의 개념을 실생활 문제해결로서 수학적 모델링의 교수 · 학습 관점으로까지 확장하였다. 그의 실증적 연구 결과는 세 가지 유형의 '알아차림'이 수학적 모델링과 모델링 문제해결에 중요하다는 것을 보여준다. (a) 수학자로서의 알아차림, (b) 수학자/교육자로서의 알아차림, (c) 멘토로서의 알아차림. Galbraith에 따르면, 이러한 세 가지 유형은 문제 정체성과 진정성 있는 과제 개발의 이슈를 포괄한다. 이제 교사 개입으로 나아가면 두 개념 사이의 연결성을 볼 수 있다.

교사는 학생이 실생활 문제를 해결하는 동안에 발전하고 있는지 파악하고 알아채어, 개입이 필요한지를 결정해야 한다.

개입에 관한 교수학적 연구에서 학습자를 지원하기 위한 몇몇 이론적 접근이 논의된다. 예를 들어 독일의 논의에서, Zech(1998)가 개발한 지원의 분류 체계가 잘 알려져 있으며, 이는 Aebli(1983)에 의해 개발된 “최소한의 도움” 원칙을 의미한다. 본래 문제해결 맥락을 위해 개발된 Zech의 분류 체계 목적은 가능한 한 스스로 해법을 개발할 수 있도록 지원해야 한다는 것이다. 분류 체계는 **표 4.3**과 같은 지원 유형의 위계로 이루어진다. 각 지원 유형을 개입 사례를 들어 예시하며, 도움 수준이 증가한다는 아이디어를 보여준다.

이 위계는 앞 절에서 도움 카드를 제시할 때 이미 분명해졌다. 이러한 유형의 지원은 문제해결 상황에 맞게 개발되었지만, 모델링 지도에도 적합하다. 아직 모델링 맥락에서 이 분류 체계의 효과에 대한 실증적 증거는 없다. 개입에 관한 Zech와 다른 이론들에 기초하여, Leiβ(2007)는 개입의 분류를 더 상세화하고, DISUM 프로젝트 속의 실험실 연구에서 모델링 과정 중 교사에 의해 제공된 다양한 종류의 지원을 조사하였다(Blum, 2011 비교). 특히 Leiβ 연구의 주요 결과는 교사들이 전략적인 개입을 거의 하지 않는 대신 종종 간접적인 조언을 선택한다는 것이었다. 따라서 학생들은 한 단계 이상에서 스스로 어려움을 극복해야 한다는 것을 알아야 한다.

DISUM 프로젝트에서는 두 가지 교수법이 12개의 학급에서 비교되었기 때문에 더 흥미로운 연구가 이루어졌다. 교사 안내가 많은 “지시적” 방식과 모둠 내 학생들의 독립적인 활동을 더 강조하는 “조작적 전략” 방식이다. 결과는 “조작적 전략” 방식으로 배운 학생들의 모델링 역량이 더 향상되었음을 분명하게 보여준다. 모델링 역량의 향상에 관한 최상의 결과는 전문가의 평가에 근거하여 학생의 독립성 및 교사의 안내 사이의 균

표 4.3 지원의 분류 체계(Zech, 1998)

지원	개입 사례
동기	“계속해서 노력해보렴. 네가 이 문제를 해결할 거라고 믿어.”
피드백	“그래, 지금 잘하고 있어!”
일반 전략	“그림을 그려보렴.” 또는 “문장을 다시 읽어보렴.”
내용 관련 전략	“아마 삼수법이 네가 해법을 찾을 수 있게 도와줄 거야.”
내용 관련	“속도의 정의는 무엇이지?”

형이 가장 잘 실현된 수업에서 재구성될 수 있었다. 이것은 구성주의적 학습관에 해당한다. 학생들은 교사의 지원을 받아 가능한 능동적이고 독립적으로 자신의 지식과 역량을 구축해야 한다.

Leiβ & Tropper(2012)가 개발한 교사 개입의 유형은 다음과 같다. Leiβ(2007)는 학생의 해결 과정에서 교사에 의한 모든 언어적, 반언어적, 비언어적 간섭을 교사 개입이라 정의한다. 조정 가능한 교사 개입은 최소한의 방법으로 개별 학생을 지원하는 것으로 정의되어 있어 학생들은 가능한 한 스스로 활동할 수 있다. ("Maria Montessori의 정신인 내가 혼자서 할 수 있도록 하라."처럼, 학생의 독립성과 교사의 안내 사이 균형을 실현하면서) 일반적으로 조정 가능한 교사 개입이 성공적이었는지는 나중에 알게 된다. Leiβ는 **표 4.4**, **표 4.5** 그리고 **표 4.6**에서 보듯이, 개입의 수준, 목표, 유발자를 구별하였다.

Zech의 분류 체계와 Leiβ의 분류법 모두 나의 대학 세미나와 교사 훈련 워크숍에서 사용된다. 참여자는 이론적 배경뿐만 아니라 모델링 수업에서 발췌한 짧은 영상 또는 발췌문으로 훈련받는다. 따라서 참여자는 개입의 유형을 분류해야 하고, 한편으로는 주어진 상황에서 어떤 종류의 개입이 의미 있는지 결정하는 법을 배운다. 그래서 다양한 실제 시나리오를 이용하여 개입을 인식하고 분류하고 반성하는 수업은 개입의 지각을 훈련한다. 모델링 지도를 위한 교수 역량 모델에서 보았듯이(1장 참조) 개입에 대한 지식과 반성적 사용은 교수 차원에서 하나의 중심적인 측면이다. 개입은 좋든 나쁘든 모델링 수업에 강력한 영향을 미친다.

표 4.4 개입의 수준

개입의 수준
내용 측면 내용을 언급하는 개입: 모델링 과정과 이에 대응하는 수학
전략적 측면 메타 수준의 개입: 모델링과 문제해결 과정의 일반적인 측면
정의적 측면 학생들의 정신 상태에 영향을 미치려는 개입
조직적 측면 모둠 상호 작용과 발표를 포함하여 학생 활동의 기본 상태에 대한 개입

표 4.5 개입의 목표

개입의 목표
진단 교사는 학생들에게 해결 과정의 현 상태에 대해 질문함
평가/피드백 교사는 학생들의 해결 과정에 대해 추가 정보나 수정 없이 피드백을 제공함
간접 조언 교사의 견해에 따른 "최선의 해법"을 학생들이 발견하도록 돕기 위한 교사의 미묘한 힌트를 제공함
직접 조언 교사는 학생들에게 적절한 설명과 정보를 명확하게 제공함
의도적인 비개입 학생들에게 문제가 있더라도 교사가 개입하지 않음

표 4.6 개입의 유발자

개입의 유발자	
자의적	학생들의 해결 과정에 개입하려는 교사의 자기 주도적임
반응적	학생들은 명확하게 교사에게 조언을 요구함

다음은 모델링 문제 "이사"를 위해 제시한 수업 시나리오를 보여준다. 독일의 소위 저학력 트랙("기본 학교(Hauptschule)")으로 불리는 10학년(16세) 교실에서 학생-교사 상호 작용 또는 교사의 행동이 녹화되었다. 저학력 트랙 학생은 일반적으로 "실업계 학교(Realschule)" (중간 학력 트랙) 또는 "인문계 학교(Gymnasium)" (고학력 트랙) 학생과 비교하면 능력이 부족하다[18]. 그러나 저학력 트랙 학생들은 전에 모델링 문제로 활동해본 적이 없음에도 불구하고 훌륭히 해냈다. 모델링이 단지 사립학교의 선택받은 엘리트 학

18) 역자 주: 독일의 교육체계에서는 유치원(Kindergarten: 4~6세)과 초등학교(Grundschule: 1~4학년) 이후 4종류의 학교 중 하나로 진학하게 된다. 대학진학을 목표로 하는 인문계 학교(Gymnasium: 5~13학년)와 직업교육과 대학진학을 동시에 할 수 있는 실업계 학교(Realschule: 5~10학년), 그리고 직업교육만 하는 기본 학교(Hauptschule: 5~10학년)가 있으며, 이 3개를 합한 종합 학교(Gesamtschule: 5~10학년)가 있다.(출처: https://blog.naver.com/moeblog/221378743973)

생을 위한 것이 아니라 모두를 위한 것이기에 이 측면을 강조하고 싶다.

그 수업 시나리오를 분석하기 위해 개입에 관한 표와 지원 분류 체계를 다시 살펴보아라. 10년 차 수학 교사이자 과학 교사 K1은 수학적 모델링 교육에 관한 워크숍에 참석하지 않았다. 따라서 수업 중 교사 K1의 행동은 개입 훈련의 결과가 아니며 여러분에게 어떻게 직관적으로 행동할 것인지에 대한 느낌을 준다. 교사 K1은 일상의 지도에서 모델링 문제를 시행하는 것에 관심이 있었고 당시 부피를 다루고 있던 학급 교육과정에 완벽하게 들어맞는 "이사" 문제에 기뻐하였다. 교사 K1은 학생들이 부족한 자료를 찾기 위해 인터넷을 사용할 수 있도록 허용하였으나 어떤 종류의 자료인지는 명확하게 언급하지 않았다. 문제를 해결하기 위해 예컨대 이삿짐 상자의 크기를 인터넷에서 찾을 수 있다.

시나리오 1

학생들은 모둠으로 활동한다. 교사 K1은 책상에 앉아 있다가 어떤 모둠의 문제점을 알아채고 학생들에게 다가간다.

교사 K1: 여러분이 열띤 논의를 하는 것을 들었는데, 무슨 문제가 있나요?

학생 J3: 우리는 이삿짐 상자의 실제 크기가 필요해요.

교사 K1: 아직 그 크기를 어림하지 않았나요?

학생 G: 해보긴 했는데 그게 옳지 않다고 생각해요.

학생 T2는 교사에게 활동지에 적은 이삿짐 상자의 크기를 보여준다. 세로 100cm, 가로 130cm, 높이 80cm.

교사 K1: 좋아요. 크기를 검증하려고 생각해 보았나요?

학생 G: 아뇨, 어떻게요?

교사 K1: 선생님이 문제를 시작하면서 말했지요, 인터넷을 사용해서 자료를 찾을 수 있다고요.

학생 J3: 알겠어요. 감사합니다.

주어진 상황과 상호 작용에서 어떤 유형의 개입과 지원이 명확히 드러나는가? 다음 시나리오가 제시되기 전에 생각하고 기록하라.

시나리오 2

학생 A2가 모둠 활동 중 교사 K1에게 질문한다.

학생 A2: 선생님, 차량 짐 싣는 공간의 부피를 알아내는 것이 쉽지 않아요. 우리는 차 앞에 서 있는 사람을 이용해서 짐 싣는 공간의 높이를 얻는 것부터 시작했어요.

학생 L3: 차의 높이를 127cm로 어림했고 4를 곱해서 508cm를 얻었어요.

학생 F: 맞아요. 사진 속 사람이 508cm에 네 번 들어간다고 생각했어요.

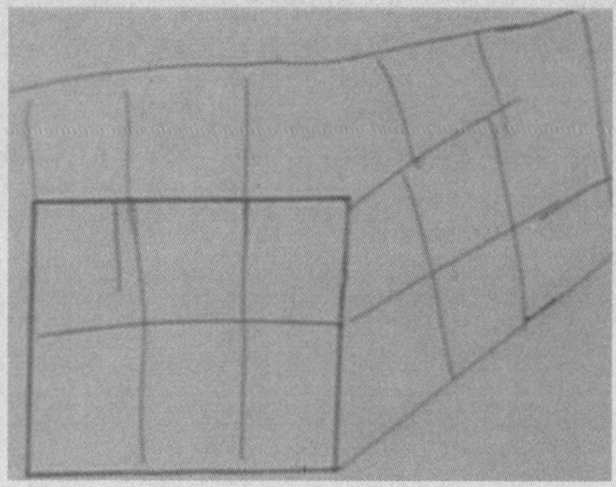

문제는 이 모둠에 어떤 종류의 개입을 제공할 것인가 하는 것이다. 구체적인 개입/지원을 형식화하고 그 결정을 설명하라.

시나리오 3

교사 K1은 교실을 둘러보다가 다음 모둠의 대화를 듣기 위해 멈춘다.

학생 K2: 이삿짐 상자와 차의 짐 싣는 공간을 어떻게 계산할 수 있지?

학생 L4: 부피 공식을 이용하자. 나는 a 곱하기 b 곱하기 c를 해야 한다고 생각하는데 선생님, 이것이 맞나요?

교사 K1: 맞아요.

학생 K2: 좋아, 공식에 a, b, c가 있고 우리는 가로, 세로, 높이를 알고 있어. 어떤 변수가 어떤 크기를 나타내는 거지?

교사 K1: 그림을 그리면 이 흥미로운 질문에 대해 생각하는 데 도움이 될 거예요.
학생 L4: 그건 중요하지 않아. 변수로 x, y, z를 사용할 수 있어. 맞죠?

이 모둠은 5분 동안 논의하고 나서 모둠으로 돌아온 교사 K1에게 질문한다.

학생 J4: 아직 결론에 도달하지 못했고 더 이상 진전이 없어요. 학생 L4의 의견은 그 변수들이 역할 하지 않는다는 것이고 학생 K2는 연결하길 원해요.
교사 K1: 여러분이 그림으로 나타낸 것을 봤는데 괜찮은 생각이에요. 학생 K2와 학생 L4 모두 옳아요. 물론 a가 가로를 나타낸다면, b를 높이 또는 c를 세로로 정의해야 해요. 그런 다음 계산하고 어림한 크기와 변수를 연결하세요. 이 경우 a는 90cm에요.

주어진 상황과 상호 작용에서 어떤 유형의 개입과 지원이 명확히 드러나는가? 시간을 가지고 이 대화를 여러 번 읽어보아라.

이 시나리오에 대해 생각하고 여러분의 동료들과 논의해 보았는가? 해석은 어느 정도 주관적일 수 있지만, 주어진 분류에 근거한 다음의 대화 분석은 교사가 어떤 개입/지원 유형을 수행했는지에 대한 아이디어를 제공한다.

시나리오 1

교사 K1은 책상에 앉아 있으면서 모둠을 관찰한 것이 분명하다. 그녀는 한 모둠이 어려움을 겪는 것을 알아차린 후 그 모둠을 돕기로 한다. 따라서 학생들에게 간 것은 교사 스스로의 결정이었고 따라서 **자의적 개입**이다(교사 K1: "무슨 문제가 있나요?"). 질문에서 해결 과정의 현재 상황에 대한 답을 끌어냈으므로, 개입의 목표는 진단이었다. 학생들은 어림하여 이삿짐 상자의 치수를 이미 얻었지만 "옳은" 치수를 얻길 바랐다. 모델링 사이클에 따르면, 학생들은 실제 모델을 세우기 위한 가정하기 단계에 머물러 있었다. 학생 T2가 교사에게 치수를 보여준 뒤 교사 K1이 그것이 옳은지 틀렸는지를 말하지 않고 현명하게 개입하였다. 교사 K1의 개입 목적은 "좋아요. 크기를 검증하려고 생각해 보았나요?"라고 말하여 해결 과정을 **평가하고 피드백을 제공**하는 것이다. 이것은 또한 교사 K1이 최소한의 도움 원칙을 얼마나 직관적으로 실행하는지를 보여주는 좋은 예이다. 학생 G가 치수를 어떻게 검증하는지 물어본 뒤 교사 K1은 학생들에게 인터넷을 사용할 수 있다는 것을 상기시켰다. Zech의 분류 체계에 따르면, 교사 K1은 어떻게 학생들이 해결 과정을 지속해야 하는지 보여주기 위해 **일반 전략 지원**을 사용하였다.

시나리오 2

이 시나리오는 학생들이 자동차 짐 싣는 공간의 부피를 얻기 위해 크기를 어림하는 동안 겪었던 많은 어려움 중 하나를 보여준다. 학생들은 명확하게 조언을 요구했고, 따라서 이것을 **반응적 개입**이라 한다. 이 모둠은 차 앞에 서 있는 사람을 이용하여 좋은 아이디어를 가졌다. 학생들은 차의 높이를 127cm로 결정한 다음, 127cm에 4를 곱하여 사진 속 사람이 508cm에 4번 들어간다고 결론 내렸다. 이 지점에서 개입이 매우 필요하였다. 교사는 몇 가지 오개념을 알아차릴 뿐만 아니라 "사진 속 사람이 508cm에 네 번 들어간다고 생각했어요."라는 학생 F의 말과 모둠의 해석을 이해해야 한다. 첫 번째 개입은 교사와 학생 양자의 시각에 대한 오개념을 명확히 하기 위해 메타 수준에 초점을 맞추어야 한다. 그러므로 **전략적 개입**이 적절하다. "어떻게 508cm가 문제에 적절하며 127cm가 이 맥락에서 나타내는 것은 무엇인가요? 이것에 대한 여러분의 생각을 설명하세요." 학생들은 실제 모델을 세우는 단계에 있으며, 분명히 측정 감각에 문제가 있고 부피의 개념을 내면화하지 않았다. 학생 F의 말을 해석해보면, 그는 차의 높이와 사람의 키를 동일시했고, 그것은 이 지점에서 실생활에의 검증이 의미 있다는 것을 보여준다. 그림 속 사람은 127cm보다 크다. "508cm에 4번"이라는 해석은 학생들이 부피의 공식을 떠올려서고 어떤 수를 3 또는 4배 하는 것과 같은 무엇인가일 수 있지만, 올바른 방법으로 사용될 수 없다. 그림에 굵은 경계선이 보이며, 학생들이 부피를 얻기 위해 127cm에 4를 곱했다고 가정할 수 있다. 그들은 넓이에 관한 공식도 부정확하게 사용하였다. 학생들이 생각하고 있는 오개념과 아이디어를 이해하는 것은 교사에게 도전이 된다. 따라서 상황을 명확히 하고 가능한 한 학생들의 사고 과정에 교사 자신을 투입하기 위해 전략적 개입이 의미 있다.

시나리오 3

부피 공식과 관련된 유사한 어려움이 시나리오 3에서 가시화된다. 교사 K1이 교실을 순회하는 동안 한 모둠의 책상에 멈췄을지라도 학생들이 그녀에게 도움을 요청했기 때문에 이것은 **반응적 개입**이다. 교사 K1이 아무 말 없이 모둠 책상에서 멈춘 비언어적 개입은 빠르게 언어적 개입이 되었다. 학생 K2는 부피 공식을 기억할 수 없었다. 학생 L4는 확신할 수 없어 교사에게 질문하기는 했지만, 공식을 말했다. 교사 K1은 짧게 "맞아요."라고 확인해주었다. 학생 K2는 어떻게 변수 a, b, c가 어림한 3개의 치수에 해당하는지 여전히 의심스러웠다. 교사 K1은 **일반 전략 지원**으로 응답하고 학생 K2가 그림을 그리도록 독려하였다. 더 나아가 교사 K1은 학생 K2의 질문이 흥미롭다고 말함으로써 **정의적 개입**을 했는데, 이는 교사가 학생이 제기한 문제점을 신중하게 받아들였다는 것을 보여준다. 학생 L4는 a 또는 x를 사용하는 것이 문제가 되지 않는다는 것을 이해하였다. 교사 K1은 이 말 이후 개입하지 않았고 학생들이 토론하게 두었지만 여전히 결론에 도달하지 못하였다. 마침내 교사 K1은 학생들에게 **직접 조언**을 했고 관련된 설명과 정보를 제공하였다. 이것은 학생들이 모델링 과정에서 더 나아갈 수 있기 전에 명확화가 필요했기 때문에 **내용 관련 지원**이다.

시나리오를 요약하면 많은 측면이 분명해진다. 이 학급에서 부피를 가르쳤음에도 불구하고, 학생 대부분은 이런 맥락에서 수학적 지식을 적용할 수 없었고 모델링을 하면서 현실과 수학을 연결할 수 없었다. 학생들은 종종 실제 모델을 세우는 과정에서 어림할 때, 현실을 참조하지 않았다. 예를 들어 시나리오 2에서 차의 높이 127cm를 차 앞에 서 있는 사람의 키와 동일시했고 이것은 완전히 틀렸다. 이 지점에서 검증을 놓쳤고 교사의 개입이 필요하였다. 학생들이 실제 모델을 세우거나 수학화를 시작하거나 수학적으로 활동할 때 시나리오를 취하였다. 학생들의 오개념이 분명해졌고 교사로서 여러분은 학생들을 돕는 수학적 배경지식을 명확하게 설명하기 위해 요구되는 내용 지식 (CK)을 알아야 한다. 교사 K1은 학생들을 지원하는 과정에서 직관적으로 개입하였고 너무 많은 간접적인 조언을 피하였다. 여러분은 모델링 수업 동안 교사의 역할이 학생들이 현재 어떤 모델링 단계에서 활동하고 있는지, 또한 잘못된 인식이 모델링 과정의 진행을 방해하는지 빨리 이해하도록 요구한다는 것을 알게 되었다. 학생들에게 관찰되고 있다는 느낌을 주지 않으면서 교실을 순회하고, 동시에 그들에게 도움이 필요할 때 질문할 수 있다는 것을 보여주는 것은 효과적인 모델링을 지원한다. 위의 시나리오가 짧을지라도 여러분은 모델링 동안 학생들의 의사소통과 모델링 추론 과정을 관찰하였다. 수학적 모델링을 통해 지원되는 수학적 규준에서의 실천에 대해 생각하라. 모델링 문제는 수학을 잘하는 학생과 못하는 학생이 수학에 대해 의사소통하고 자신의 지식을 심화할 수 있는 광범위한 잠재력을 제공한다. 언급했듯이, 이 학급의 학생들은 이 문제를 해결하면서 동기 유발되었고 모든 모둠은 결과를 산출하였으며 학급 전체에서 결과를 발표하고 논의하였다. 다음 포스터[19]는 모델링 과정이 매우 목표지향적이었던 모둠의 해법을 보여준다. 그들은 이삿짐 상자의 적절한 치수를 어림했고 부피 공식을 정확하게 사용하였다. 더욱이 학생들은 차의 짐 싣는 공간의 길이를 나타내기 위해 자를 사용했고 이삿짐 상자를 가로, 세로, 높이를 따라 놓았다. 이렇게 하면서 동시에 학생들은 얼마나 많은 상자가 차 안에 들어가는지 확인했고 18개라는 결과를 얻었다. 이 모둠은 그림을 그렸는데, 이것은 상황에 대한 더 나은 정신적 표상을 만들고 정신적 행동을 시각화하는 데 도움을 주었다.

4.4 학생들이 모델링 문제에 익숙해지는 방법과 테크놀로지의 역할

이 절에서는 두 가지 측면을 제시한다. 첫째, 모델링 문제를 학생들에게 어떻게 도입할 수 있는가와, 둘째, 수학적 모델링의 교수 · 학습에서 테크놀로지의 역할에 대해 간단히 강조한다.

4.4.1 첫째 측면: 학생들에게 모델링 문제 도입

학생들도 여러분들처럼 모델링 문제가 개방형이고 복잡하며, 과제에 묘사된 실제 맥락을 신중하게 고려해야 한다는 것을 배워야 한다. 이를 3.3절에서 분명하게 다루었다. 실생활 문제를 해결하기 위해 부족한 자료는 스스로 찾아야 하며, 문장제에서 흔히 그렇듯 주어지지 않는다. 따라서 학생들을 모델링 문제에 익숙하게 하는 한 가지 가능한

19) 역자 주: 원문의 설명과 달리 포스터는 제시되어 있지 않다.

방법을 보여주기 위해 "정보 과다(over-determined)" 또는 "정보 부족(under-determined)" 과제[20](예: Maaβ, 2007)가 제시된다. 처음에는 학생들이 모델링 문제와 "표준적인" 수학 과제의 차이점을 알아야 하며 모델링 문제를 해결할 때 어떤 전략이 의미 있는지에 대한 아이디어를 얻어야 한다. 3장에서 두 과제 "바다의 맑은 날"과 "함부르크 항"을 비교하고 그 차이점을 명확히 했으므로, 과제를 언제 그리고 왜 모델링 문제라고 부를 수 있는지를 알 수 있다. 여러분은 9학년 또는 10학년 학생에게 두 문제를 모두 적용하여 차이점을 알아내게 할 수 있다. 수학적 모델링의 지도는 초등학교부터 시작해서 일찍 익숙해져야 한다.

4학년 학생들이 어떻게 "모델링 문제"의 과제 형식에 대한 통찰을 얻을 수 있는지를 보여주는 구체적인 예를 아래에 제시하였다. 학생들에게 학교 교과목으로서 수학에 대한 견해나, 학생들이 수학 교사에게 "기대하는" 것이 무엇인가에 관해 물어보는 것은 흥미로운 일이다. 이렇게 하면 여러분은 학생들의 수학적 신념에 대한 아이디어를 얻을 수 있다(Schoenfeld, 1989). 모델링 문제는 특히 일상적인 수학 과제와 상당히 다르기 때문에 수학을 어떻게 볼 수 있는가에 대한 역동적인 관점을 제공한다. 아래의 예는 수학적 모델링에 대한 연속적인 7회의 수업(수업 당 45분)으로부터 추출된 것이며 초기 2회의 수업(90분)에는 위에 언급된 측면들이 포함되어 있다. 이 4학년 학급의 학생과 교사는 이전에 모델링 문제를 다룬 적이 없었다. 따라서 훈련되고 숙련된 나의 석사과정생 중 한 명이 수업했고, 담임 교사는 이후에 독립적으로 수업을 진행하기 위해 이것을 관찰하고 배워야 했다.

첫 번째 수업을 위해 남매의 대화가 담긴 학습지가 제공되었고, 학생들에게 이를 읽도록 하였다. 여러분의 학급에서 남학생과 여학생을 한 명씩 선택하여 학급 전체를 위해 그 대화를 읽게 하라.

20) 역자 주: 현재 우리나라 2015 개정 교육과정 상에서는 '주어진 문제에서 필요 없는 정보나 부족한 정보 찾기'라고 언급하고 있다.

마이크는 5학년이고 그레이스는 4학년입니다. 저녁 식사 중 그들은 다음과 같은 대화를 했습니다.

그레이스: 말도 안 돼! 오늘 줄리아가 자기 아빠가 복권으로 50만 달러를 받았다고 했어.

마이크: 와우. 돈 많다. 나도 너무 갖고 싶다!

그레이스: 그래. 이건 정말 많은 돈이야. 나는 오빠가 살 수 있는 물건이 몇 개나 될지 궁금해. 아마도 우리는 유명한 사람들처럼 큰 집에 살면서 정원에 말을 키울 수 있을 거야. 만약 우리에게 돈이 그렇게 많이 있어도 엄마와 아빠는 계속 일해야 할까?

마이크: 계산해봐야 해. 이건 정말 재미있는 문제야!

그레이스: 계산하라는 게 무슨 말이야? 나는 수학 시간에 계산하는데, 이 질문은 수학과 관련이 없잖아. 맞지?

마이크: 왜? 우리는 수학 시간에 이런 문제를 매우 자주 계산해. 생각해봐. 예를 들어, 가족이 한 달 동안 생활하는 데 돈이 얼마나 필요한지에도 계산이 필요해.

그레이스: 필요한 돈을 어떻게 알아? 사람마다 다르니까 그 결과는 정확하지 않잖아. 수학을 할 때는, 오직 하나의 결과만 얻잖아. 나는 답이 맞는지 틀리는지를 계산해. 가끔 실수해서 틀리기도 하지만!

마이크: 말도 안 돼! 항상 그런 것은 아니야. 너는 여러 가지, 이를테면 둘 이상의 결과를 얻을 수 있고, 게다가 그게 정답일 수도 있어.

그레이스: 제정신이 아니군! 수학에서 정확한 답이 여러 개일 수는 없어. 4 곱하기 5는 20인데, 오빠가 24가 정답이라고 주장할 수는 없는 거야. 그렇지?

마이크: 맙소사, 너 이해를 못 하는구나! 그거랑 비교할 수는 없지. 수학은 항상 바보 같은 계산은 아니야. 네가 한 달 동안 얼마나 많은 돈을 쓰는지 생각하는 것 속에도 수학적인 생각이 많이 들어있어. 실제로 수학은 우리 주변의 모든 곳에 있다니까.

그레이스: 흠. 난 수학 선생님께 이것에 대해 여쭤봐야겠어.

이 대화는 그레이스가 수학에 대해 부정적인 견해를 가지고 있으며, 수학과 현실 사이의 연결에 대해서 알지 못한다는 것을 보여준다. 반면에, 오빠 마이크는 산술 연산 이상의 것을 요구하는 수학 문제에 대해 설명하고 있으며, 수학에 대한 관점이 긍정적이다. 이 대화를 수업 시간에 두 번 읽었고, 학생들에게 내용을 자신의 말로 이야기해보도록 하였다. 다른 입장을 강조하기 위해 칠판에 마이크와 그레이스의 이름을 썼다. “그레이스는 어떻게 생각하는가?”와 “마이크는 어떻게 생각하는가?”라는 질문과 함께 학생들의 아이디어를 요약하였다. 그 후, 학생들에게 의견을 묻고, 마이크의 관점에 동의하는지 또는 그레이스의 관점에 동의하는지에 대해 논의하도록 하였다. 일부 학생들은 마이크의 입장에 동의했고, 예를 들어 일상생활과 많은 직업을 위해 수학이 필요하다고 말하였다. 다른 학생들은 수학은 옳거나 그른 것 둘 중 하나이며, 전반적으로 지루하다는, 그레이스의 생각에 동의하였다. 이 첫 번째 활동의 목표는 학생들이 수학을 교과목으로서 그리고 과학적 학문으로서 생각하도록 격려하는 것이었다. 학생들에게 수학에 대한 개인적인 관점을 표현할 수 있는 더 좋은 기회를 주기 위해 다음과 같은 질문지를 제공하였다.

1. 외계인이 여러분의 방에 도착했는데 그는 수학이 무엇인지 알고 싶어합니다. 그에게 수학이 무엇인지 설명해보시오.
2. 여러분은 수학 선생님에게 무엇을 기대합니까?
3. 여러분은 수학을 좋아합니까? 왜 그런지 또는 왜 아닌지를 설명해보시오.
4. 여러분은 어떤 종류의 수학적 과제를 해결하고 싶습니까?(기하학, 곱셈, 덧셈, 분수 등)

대화와 질문지에 기초하여, 다음 단계에서는 학생들에게 수학 수업과 교과서에서 익숙한 수학적 과제, 예를 들어 문장제와 산술 연산을 제시한다. 학생들은 문제를 해결하고, 실제로 하나의 정답이 가능하지만 종종 몇 가지 해법이 하나의 결과로 이끈다는 것에 대해 논의하였다. 이것은 다음 이야기로 이어지는 멋진 연결고리가 된다.

여러분은 오랫동안 이와 같은 수학 과제를 알고 있어요. 이제 “일반적인” 수학 과제와는 다른 새로운 수학 문제에 대해 배울 것입니다. 시작해볼까요!

우리는 칠판 앞에 책상을 준비하고 질문하였다. “이 책상에 몇 명의 학생이 적절할까?” 학생들에게 가정해보도록 권유했더니 “앉을 때는 3명” 또는 “책상 위에 서면 16명이요.”와 같은 다양한 답이 나왔다. 교사가 “어떤 게 맞을까요?”라고 물었다. 학생들은 직접 해보고 싶다는 반응을 보였고, 마침내 몇몇 모둠에서 시도해보았다. 이것은 학생들에게 창의적인 과정이었고, 그래서 철저히 생각해내어 다양한 가능성을 시도해보았다. 10, 11, 14와 같이 다양한 결과가 나왔다. 전체 학급에서 **어떻게** 이러한 결과가 나왔는지를 논의하였다. 학생들은 결과가 가정에 달려있다고 주장하였다. 이는 좋은 통찰력이었다. "책상 문제"는 수학적 과제가 얼마나 개방적일 수 있는가를 보여주는 사례이다.

두 개의 추가 활동지를 준비하였다. 첫째 과제는 모둠 활동으로 수행해야 한다.

여러 가지 방법으로 해결할 수 있고 다양한 결과를 가질 수 있는 수학 문제에 대해 생각해 보시오.

학생들은 많은 아이디어를 가지고 있었고, 그중 일부는 다음과 같다.

10명을 먹이려면 얼마나 많은 감자가 필요한가?
인간이 지닌 털은 몇 개인가?
일반 용지에 "M"을 몇 번 타이핑할 수 있는가?
신문지 한 장을 몇 명의 학생들이 채울 수 있는가?

학생들이 소위 "페르미 문제[21]" 즉, "페르미 질문"을 형식화한 것은 주목할 만하다. 이것은 핵물리학자 Enrico Fermi의 이름을 따서 명명되었다. Fermi는 정보가 거의 없을지라도 자발적으로 좋은 어림을 할 수 있었다는 것으로 유명하다. 이러한 종류의 문제해결의 어려움은 유사한 문제로부터 직접적인 경험치가 없고 즉각적인 계산을 위한 데이터가 없다는 것이다. 종종 질문의 맥락적 배경을 알고 해답에 도달하기 위해 그 배경을 간접적으로 사용할 수는 있다. 따라서 페르미 문제를 해결하는 데 필요한 것은 일

21) 역자 주: 페르미 문제(Fermi Problem) 또는 페르미 추정(Fermi Estimate)은 어떠한 문제에 대해 기초적인 지식과 논리적 추론만으로 짧은 시간 안에 대략적인 근사치를 어림하는 방법이다. 이는 이탈리아의 물리학자 엔리코 페르미의 이름을 땄으며, 게스티메이션(Guesstimation)이라고도 한다.

반적인 지식과 좋은 판단력이라고 말할 수 있다. 잘 알려진 고전적 페르미 문제는 '시카고에는 몇 명의 피아노 조율사가 살고 있는가?'이다.

여러분의 답은 무엇인가? 개방형 문제를 발견하고 만들어내는 것 외에도, 학생들은 다음과 같은 문제들을 해결하였고, 이는 학생들에게 더 많은 개방형 문제 사례를 제공하였다.

마빈은 초콜릿 마시멜로를 좋아한다. 그래서 10번째 생일에 친구들에게 이 마시멜로를 주려고 한다. 그와 아버지는 모두 몇 상자를 사야 하는가?

여러분은 아마도 동물원에서 얼룩말을 본 적이 있을 것이다. 얼룩말이 얼마나 많은 줄무늬를 가지고 있다고 생각하는가?

학급의 학생 중 약 3분의 1이 이 문제들을 해결하였다. 학생 M1은 첫째 문제에서 어려움을 겪었다. 왜냐하면, 학생 M1은 생일 파티에 몇 명의 어린이를 초대했는지 대한 정보가 없다고 말했기 때문이다. 학생 S4는 학생 M1에게 학생들의 수를 생각해내야 한다고 말했고, 학생 M1은 이것에 기초하여 한 사람 당 먹게 될 초콜릿 마시멜로의 수를 어림할 수 있었고 상자의 수를 얻을 수 있었다. 일부 학생들은 이 문제를 매우 실용적으로 해결했고 마빈이 10명의 어린이를 파티에 초대했으며 모든 손님이 파티 전체시간 내내 각각 평균 6개의 초콜릿 마시멜로를 먹는다고 생각하였다. 인터넷을 검색하거나 추가 데이터를 얻는 것 없이, 상자 당 초콜릿 마시멜로의 수를 20으로 결정하였다. 한 상자의 가격을 1달러로 정하였고 따라서 3상자의 가격은 3달러이다. 물론 우리는 이러한 풀이를 학급에서 간단히 검증했고, 첫 번째 시도로서 나쁘지 않았다. "얼룩말 문제"에서는 문제해결을 위한 두 가지 핵심 전략을 관찰할 수 있었다. 첫째는 세기를 통해, 둘째는 어림을 통해 해결하는 것이다. 줄무늬 수의 어림의 범위는 30개부터 210,000개까지였다. 우리는 다시 토론했고 학생들의 결과를 검증하였다. 처음 90분은 초등학생들이 모델링 문제에 익숙해지는 한 가지 방법을 보여주었다. 학생들은 세 번째와 네 번째 수

업에서 "성 마이클 교회" 문제로, 여섯 번째와 일곱 번째 수업에서는 "학급 파티" 문제로 활동하였다(3.1절 참조).

상위 학년에서는 또 다른, 그러나 유사한 방법이 가능하다. 위에서 언급한 제안인 학생들에게 모델링 문제와 일반적인 과제를 비교하게 하는 것 외에 여러분은 소위 정보 과다 과제라 불리는 문제와 함께 시작할 수 있다(예: Maaβ, 2007).

정보 과다 과제는 주어진 맥락 자체가 단순하지 않은 과제로 특징지어진다. 물론 이것은 진정성을 살리기 위함이다. 그러나 다른 과제와의 차이점은 이 과제가 크기에 대한 더 많거나 더 적은 지시 사항을 주기 때문에 전통적인 문장제는 아니라는 것이다. 처음에 핵심 목표는 학습자가 맥락을 진지하게 받아들이도록 배우는 것이다. 아래에서 이 과제 형식의 예를 볼 수 있다.

> 칠레 발파라이소 출신의 로베르토는 칠레 남쪽의 발디비아에 사는 친구를 1주일 동안 방문하고자 한다. 로베르토는 거기 있는 독일 맥주 양조장을 좋아한다. 산티아고 데 칠레에서 테뮤코까지 비행기는 예약 비용을 포함하여 152달러이다. 발파라이소에서 산티아고 데 칠레는 버스로 가는데 편도는 5달러, 왕복은 10달러를 지불해야 한다. 산티아고 데 칠레 공항의 주차 요금은 8일 동안 약 48달러이다. 테뮤코에서 발디비아까지 가는 버스는 7달러이다. 로베르토의 여행 경비는 얼마인가?

학생들은 과제 해결을 위해 어떤 데이터가 필요한지 분석하기 위해 과제를 주의 깊게 읽어야 한다. 로베르토의 맥주에 대한 열정은 알아두면 좋지만, 과제를 해결하는 데는 도움이 되지 않는다. 산티아고 데 칠레 공항의 주차 요금과 발파라이소에서 공항까지의 버스 요금에 대한 정보는 중요하다. 학생들은 어떤 선택이 더 합리적인지에 대해 의논해야 한다. 추가 정보가 제공되고, 마지막으로 로베르토의 여행 비용에 대한 실제 질문이 제기된다.

이러한 과제를 몇 개 해결한 후, 다음 단계는 학생들에게 많은 정보가 누락되었다는 사실을 특징으로 하는 정보 부족 과제를 제공하는 것이다. 따라서 의미 있는 어림을 하거나 필요한 정보를 검색하는 것이 필요하다. 이전에 몇 가지 예에서 보았듯이 정보 부족 과제는 학습자에게 매우 어렵다. 정보 부족 과제의 예가 아래에 제시되는데, 모든 학년에서 사용할 수 있다. 나는 특히 다양한 문화적 환경이라는 사실 때문에 이 문제를 좋아한다. 나는 멕시코 푸에블라에서 열린 대규모 교사 연수 워크숍에서 140명의 교사가 이 문제와 학생들이 이 문제를 어떻게 해결할지를 토론했던 것이 기억난다.

> 갈레고스 가족에게는 두 자녀가 있다. 12세 프랑코와 8세 에밀리아이다. 둘 다 피자를 좋아해서 일주일에 두 번 피자를 먹는다. 그들은 토마토, 모짜렐라, 채소 또는 고기 등 여러 종류의 피자를 좋아한다. 1년 동안 피자를 사는 데 가족이 사용한 돈은 얼마인가?

적절한 답을 얻으려면 많은 가정을 해야 한다. 첫 번째 가정은 피자의 가격과 1주일 동안 평균적으로 학생들이 먹은 피자의 수에 관한 것이다. 학생들은 슈퍼마켓에서 피자를 사는 것이 레스토랑에서 피자를 먹는 것보다 저렴하다고 생각할 수 있다. 따라서 어디서 피자를 살 수 있는가에 대한 다양한 가능성은 실제 모델을 위한 기초를 마련한다. 또한 학생들은 1년이 몇 주인지를 기억해야 한다. 수학적 모델은 복잡하지 않다. 덧셈 또는 곱셈뿐이다. 그러나 학생들은 어떻게 데이터를 검색하고 어떻게 가정할 것인가에 대한 아이디어를 얻어야 한다. 초등학교를 위해 제시되었던 예와 유사하게, 여기에서 중요한 점은 학생들이 이 과제의 형식과 '일반적인' 수학 문제 사이의 차이점을 이해하도록 메타 수준에서 토론하는 것을 명시적으로 돕는 것이다. 모델링 문제를 이용한 첫 번째 수업을 마친 후, 여러분은 피드백을 위해 학생들에게 질문할 수 있다. 예를 들어, 매우 간단한 방법인 "교차선(cross lines)"이라는 피드백 방법을 사용하는 것이다. 축에 어떤 내용이 들어가야 하는지는 여러분에게 달려 있다. 한 축에는 모델링 문제를 해결하는 동안 학생들의 동기 부여에 대해 찾아낸 것을, 다른 한 축에는 문제가 현실과 얼마나 연결되어 있는지에 대한 정도를 나타내는 것은 어떤가? **그림 4.2**에서 두 번째 시간에 학생들이 모델링 문제를 활동한 후에 한 교사가 사용했던 예를 볼 수 있다. "동기 부여"와 "현실과 연계"(독일어로 "Realitätsbezug") 측면이 선택되었다. 확실히 학생들은 이 문제를 해결하는 것을 좋아하였다(**그림 4.3**).

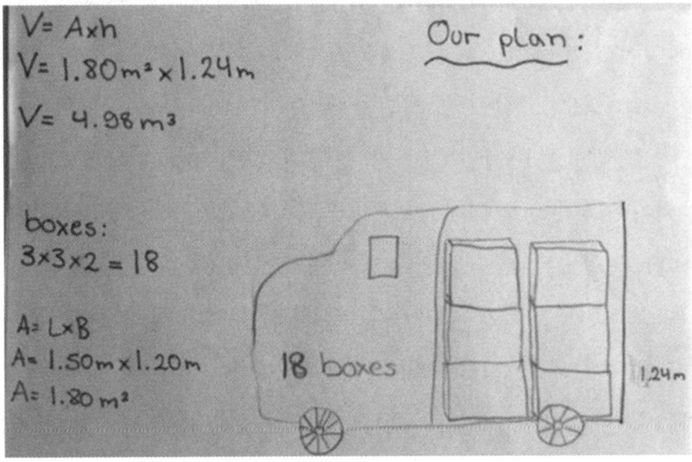

그림 4.2 모델링 문제 “이사”에 대한 학생들의 해법

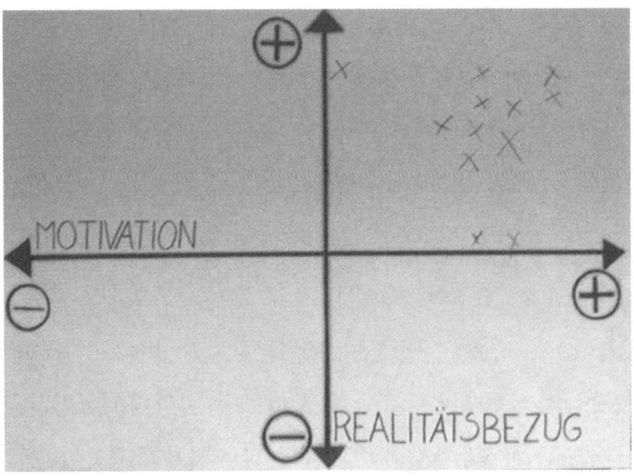

그림 4.3 피드백 방법 “교차선”

4.4.2 둘째 측면: 테크놀로지의 역할

테크놀로지는 수학적 모델링의 교수 · 학습에ー특히 중 · 고등학교와 교사 교육에서ー 통합되어 사용되어야 한다. 비즈니스, 의학 또는 다른 분야의 복잡한 실생활 문제는 시뮬레이션, 계산, 최종적으로 적절한 해법을 찾기 위해 특정한 소프트웨어의 도움이 필요하다. 그러므로 학생들은 디지털 도구가 다양한 영역에서 수학적 모델링에 속하고 필수적인 도구라는 아이디어를 얻어야 한다. 이 맥락에서의 디지털 도구는 학생들이 학교나 대학에서 수학교육의 일부로 배워온 CAS, Excel 또는 Matlab과 같은 소프트웨어가 사용된다는 것을 의미한다. 이것은 모델링 문제를 해결하기 위해 부족한 데이터 또는 정보를 검색하기 위한 도구로 컴퓨터를 사용하는 것과는 다르며 교사가 결정해야 한다. 따라서 나는 디지털 도구를 두 가지 방법으로 구분하여 사용하기를 권장한다. 계산 및 시각화 등을 위해 소프트웨어를 사용하는 것과 단지 주어진 모델링 문제에 관한 정보를 검색하는 것이다. 이 두 가지 방법은 서로 다른 상황에서 사용되기 때문에, 학생들이 모델링 문제를 해결할 때 상당히 다른 접근법이라 할 수 있다.

여기에서 자세히 설명하지는 않지만, 수학교육에서 테크놀로지의 사용에 관한 일반적이며 국제적인 논의(예: Hoyles & Lagrange, 2010)에서, 모델링 교수 · 학습을 위한 가능성은 디지털 테크놀로지의 존재와 발달을 통해 최근 몇 년 동안 변화되어왔다 (Kaiser et al., 2015). 예를 들어, 대수 소프트웨어가 설치된 노트북을 사용하면 일상적인 지도에서 복잡한 모델링을 도입하는 데 도움이 된다(예: Henn, 2007). 디지털 도구는 다양한 범위에서 사용될 수 있다. 이 도구는 실험과 발견을 위한 것이다. 동적 기하 소프트웨어나 스프레드시트는 실제 문제를 실험을 위한 기하 모델로 변환할 수 있다. Hall & Lingefjard(2016)의 책에서는 학교에 특화된 많은 모델링 문제를 GeoGebra와 WolframAlpha를 사용하여 보여준다. 교실에서 이러한 프로그램을 어떻게 사용하는지 강조한 사례들을 더 자세히 살펴보길 바란다. 실험과 유사한 활동이 시뮬레이션이다. Greefrath & Weigand(2012)에서는 시뮬레이션이 모델로 실험하는 것인데, 이는 주어진 맥락 속에서의 모델 또는 모델 그 자체에 대한 통찰을 제공한다.

응용 수학적 관점에서 볼 때, 컴퓨터를 사용한 시뮬레이션은 모델링 과정의 일부로

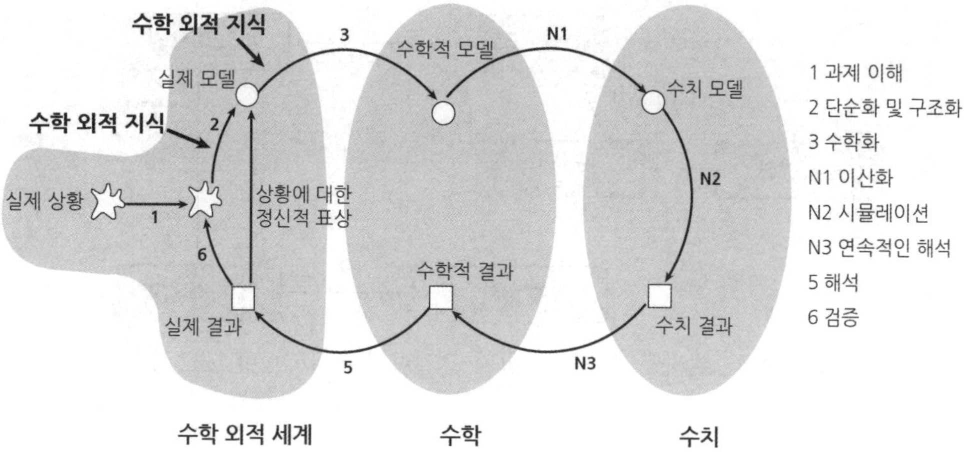

그림 4.4 수치 모델링 사이클(Meister/Borromeo Ferri)

볼 수 있다. 따라서 수치 모델(반복적인 풀이 방법)은 수학적 모델에 기초하여 개발되고, 모델을 검증하기 위해 수치 결과로 시험하고 비교해야 한다(Sonar, 2001). Sonar에 따르면 "수치 모델링 사이클"이라고 불리는 추가 모델링 사이클은 이러한 수치적 방법을 시행하는 측면을 보여준다(**그림 4.4**).

여러분은 문제의 주어진 데이터로 하는 결정론적 시뮬레이션과 임의적인 효과를 고려한 확률론적 시뮬레이션을 구별할 수 있다. 디지털 도구, 특히 CAS의 도움으로, 학생들은 수치 또는 대수적 결과를 계산할 수 있다. 디지털 도구가 없다면 적절한 시간 안에 해결하는 것이 가능하지 않을 것이다. 3장에서 여러분은 "바다의 맑은 날" 과제를 따라서 어떤 문제를 모델링 문제로 바꿔야 한다. 결국, 도전 질문은 "안전요원은 얼마나 멀리 볼 수 있습니까?"였다. 이 질문에 답하기 위해 디지털 도구를 사용함으로써, 학생들은 예컨대 안전요원의 키를 구하기 위한 거리를 계산할 수 있다. 거기서 함수적 의존성이 즉시 수치적으로 가시화된다. 디지털 도구의 다양한 특징은 모델링 사이클에서의 여러 단계와 모델링 과정을 지원한다. 미적분학의 함수로 표현되는, 개발된 수학적 모델의 도움으로 계산할 수 있다. 나중에 결과를 확인할 때, 컴퓨터는 해석 및 검증에 추가로 도움이 된다. 디지털 도구의 사용과 함께 모델링 사이클을 좀 더 자세히 살펴보면, CAS를 사용하여 모델링 문제를 해결하는 것은 두 가지의 추가 변환이 필요하다는 것이 분명해진다. 우선 모델링 문제를 이해하고, 단순화하고, 수학적으로 표현해야 한다. 이

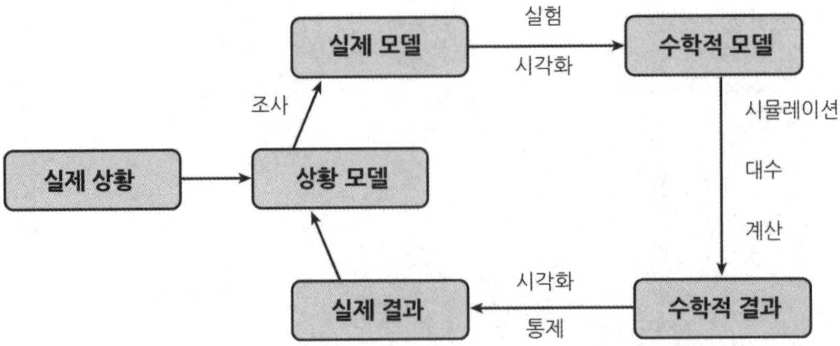

그림 4.5 디지털 도구를 포함한 모델링 사이클(Greefrath, 2011)

것은 수학적 모델을 세울 때까지의 단계를 평소대로 해야 한다는 것을 의미한다. 그런 다음 수학 언어를 컴퓨터 언어로 번역하는 데 디지털 도구(이 경우 CAS)를 사용할 수 있을 것이다. 컴퓨터의 결과는 다시 수학으로 변환되어야 한다. 마침내 수학적 결과가 검증될 때 원래의 문제가 해결될 수 있다. Savelsberg et al.(2008)의 후속 연구인 Greefrath(2011)는 "수치 모델링 사이클"과 유사하게 디지털 도구의 예로서 Matlab의 사용 또한 포함하며, **그림 4.5**와 같은 보다 일반적인 모델링 사이클이 제시된다.

현재 모델링 환경에서 디지털 도구를 사용할 때, 기회와 한계에 관한 실증적 증거는 거의 없다. 여러분은 대규모 연구보다 다수의 사례 연구를 찾을 수 있다. Niss et al.(2007)의 연구에서는 응용과 모델링에 관한 ICMI-연구를 위해 열린 연구 문제를 이미 제기하였다. 여기에 몇 가지가 있다. 디지털 도구는 수학적 모델링 활동을 지원하기 위해 다양한 학년에서 어떻게 사용되어야 하는가? 지도할 수 있는 수학적 모델링 문제의 범위를 정하기 위한 디지털 도구의 중요성은 무엇인가? 디지털 도구는 언제 수학적 모델링을 위한 학습 기회를 방해하는가, 촉진하는가?

이러한 질문에 대답하기 위해, 특히 모델링 사이클에 나타난 확장된 변환과 관련하여 좀 더 실증적 연구가 필요하다. 그러나 근거가 충분한 선행 사례 연구인 Greefrath et al.(2011) 또는 Geiger(2011)에서는 디지털 도구가 모델링 사이클의 모든 단계, 특히 해석 및 검증에 유용함을 볼 수 있다. 따라서 학생들을 모델링 문제에 익숙해지게 한다는 것은 디지털 도구를 언제 어떻게 사용해야 하는지도 고찰해야 함을 의미한다.

5장

진단 역량: 평가와 채점의 기초

수학적 모델링을 어떻게 평가할 수 있는가?

– 교사 K2

내 관점에서는 이 장이 가장 어렵다. 왜냐하면, 진단 차원은 지도 역량을 위한 모델의 넷째이자 마지막 부분이기 때문이다. 그래서 모델링 활동 중에 진단에 대한 좀 더 자세한 내용에 집중하기 위해 이제 여러분에게는 이전 장에서 학습한 모든 지식이 필요하다. 그러나 이것이 내가 의미한 정말 어려운 점은 아니다. 나는 평가, 특히 수학교육 규준과 관련한 평가에 관한 모든 논의에서 오히려 여러분의 관점에 영향을 미치는 암묵적인 차원이 있다고 생각한다. 한 예로 CCSSM에서 수학적 모델링은 실천 중 하나로 평가되어야 한다. 지금까지 14년을 실행한 독일의 경우도 마찬가지다. 이 글에서 나의 목적은 이 맥락에서 평가가 미디어에서 조장하는 것과 같은 나쁜 것은 아니라는 확신을 주는 것이다. 평가는 진단을 위한 도구이기 때문에, 학생들이나 여러분의 수학 지도에 유리해서는 안 된다.

'지원의 분류 체계'와 교사 개입에 대한 이론적 배경이 이어질 5.1절과 강하게 연계된다. 그래서 먼저 학생들이 모델링 활동 동안 겪는 발달, 어려움, 실수를 확인하고, 그것을 바로 기록하는 방식에 대한 몇 가지 구체적인 아이디어를 보여주려고 한다. 이것은 모델링 사이클의 여러 단계에 대한 지식이 앞으로의 진단과 적절한 개입을 위해 정말로 필요하다는 것을 의미한다. 구술적 개입과 지원은 물론이고 작성된 해법에 대한 피드백은 어떠해야 하는지, 좋은 피드백이 모델링에 대한 학습자 수행능력 발달에 미치는 영향은 무엇인지에 대해 실증적 결과에 근거하여 집중할 것이다. 다시 말하면, '진단'과 '피드백'이라는 용어와 관련된 이론적 배경이 필요하며 그에 대해 이 절을 시작하면서 간단히 설명할 것이다.

학교에서 모델링 문제를 평가하고 채점하는 방법에 대한 학습은 전 세계적으로 모델링 워크숍과 예비 교사와 현직 교사를 위한 코스에서 자주 요구되는 주제 중 하나이다. 실제로 그것은 매우 중요한데 이 점수가 모델링 분야의 수행능력을 알려주기 때문이다. 학교에서 수학적 모델링을 채점하는 것은 교수 · 학습 과정의 일부이다. 5.2절에서는 수업에서 사용하는 모델링 문제와 시험을 위한 모델링 문제 사이의 차이에 대해 다룰 것이다.

5.1 발달과 어려움의 인식부터 적절한 피드백과 개입까지

적당한 교사 개입에 대한 요구로서 진단의 중요성은 이미 개입에 대한 이론적 연구와 실증적 연구뿐만 아니라 **비계**(scaffolding)(van de Pol et al., 2013)에 대한 연구 분야에서도 강조되었다. 그러므로 진단에 관한 일부 주요 측면을 간략하게 제시하고자 한다.

5.1.1 진단의 정의와 이론적 배경

예를 들어 Ingenkamp & Lissmann(2008)과 같은 문헌에서 '진단'이라는 용어의 몇 가지 특징을 찾을 수 있다. 문헌에 따르면 '교육적 진단'은 교사의 모든 진단 활동을 포함한다. 이 활동들을 통해 개별 학습이 최적화되는 방법을 알아내는 것이 가능하다. 문제는 학교에서 모든 학생이 최선의 가능한 자질을 얻을 수 있도록 보장하는 방식으로 학생들을 다루는 것이다(Ingenkamp & Lissmann, 2008, p.13). 이것은 진단 또는 진단 활동에 대해 폭넓고 매우 일반적이며 특정 과목에 한정되지 않은 설명이지만, 문헌에서 몇 가지 특징을 종합해 볼 때 진단은 수학교육에서 주요 구성요소이고 또 요소여야 함을 명확히 알 수 있었다. 진단은 교사가 개입하고 피드백을 주기 위해 학생들의 해법 또는 다른 산출물(예: 구두 설명 또는 행동)을 더 잘 이해하도록 하거나 체계적으로 개별 지원을 시작하도록 한다. 나는 진단의 다양한 형태를 보여줌으로써 이 점을 명확히 하고 싶다. 특정 형태의 진단이 지닌 의도와 효과는 그 진단이 수업의 어느 시점에 이루어진 것인가에 따라 달라진다. 그래서 목적은 다양한 형태의 진단을 폭넓게 그리고 특별한 의도로 사용하는 것이며, 이는 시의적절한 사용을 의미한다. 진단의 다양한 형태에 대해 언급할 때 진단은 결과 중심 진단과 과정 중심 진단을 구별할 수 있다(Jordan & vorn Hofe, 2008).

결과 중심 진단은 학습자의 개별적인 결과에 집중한다. 개별적인 해법이나 활동 과정 그 자체는 선행하는 것이 아니고 결과로서 나타난다. 이에 대한 예로 단원평가를 들

수 있다. 이것은 물론 세계적으로 가장 일반적으로 사용되는 진단 도구이다. 이 형태의 진단을 사용하는 것은 교사에게 결과에 대한 정교한 평가와 함께, 지도 단원의 도입 또는 중반에 다양한 개개인을 다음 단원에 적응시킬 기회를 제공한다. 여기서 중요한 점은 학생들의 결과물(시험 결과)을 채점하여 다음 단원을 위한 준비를 한다는 것이다. 시험을 단순히 시험으로 볼 수 있지만, 진단 도구로 볼 수도 있다. 시험 결과를 특정 학생에 대한 개별적 지원을 체계적으로 제공하기 시작하는 기초로서 얼마나 자주 사용하는가? 결과 중심 진단의 이점은 과정 중심 진단과 대조적으로 시간이 오래 걸리지 않는다는 것이다.

과정 중심 진단의 목적은 적절한 개입을 위해 사고 과정 또는 결과의 기원을 더 잘 이해하는 것이다. 과정 중심 진단의 예로 학습 일지, 진단 인터뷰, 숙제가 있다. 특히 진단 인터뷰는 학생의 오개념을 드러낸다. 그러나 이러한 인터뷰는 많은 시간이 필요하므로 대체로 일반적인 교수 또는 수학 수업 동안에는 불가능하며, 학생들과 분리하여 실시해야 한다. 가장 좋은 방법은 진단의 두 형태를 체계적으로 결합하는 것이다. 이렇게 함으로써 개인에 대한 폭넓은 시각을 얻을 수 있다. 학생의 모델링 활동 중 발달과 어려움을 확인하는 것으로 돌아가 보면, 결과와 과정 형태 모두 이후에 학생들을 등급 매기는 데 필요하다. 그래서 다음 절에서는 학생의 모델링 역량 발달을 기록하는 방법을 좀 더 구체적으로 제시할 것이다. 이는 예를 들어 여러분이 학생들을 관찰하는 시점에 개인이 활동 중인 모델링 사이클의 단계를 진단해야 한다는 것을 의미한다. 이제 여러분은 모델링 사이클에 대한 지식뿐만 아니라 모델링 활동을 했던 자신의 경험이 얼마나 중요한지를 알게 될 것이다.

5.1.2 해결 과정 중 모델링 역량을 진단하는 도구로서의 진단지

모둠 활동 동안 학생들의 발달 또는 실수를 알아내고 동시에 개인을 고려하는 것은 일반적으로 교사들에게 매우 복잡한 과제이다. 다음 표는 개별 학생의 모델링 행동을 기록하기 위한 도구를 보여준다(**그림 5.1**).

과제1						
	문제 이해	가정 설정	수학화	수학적 활동	검증, 비판적 반성	목표지향적 절차
학생 J5	+	•	–	•	•	•
학생 M2	•	•	–	•	•	•
학생 J6	+	+	+	+	+	+
학생 A3	•	+	•	•	+	+
...						

그림 5.1 모둠 내 모델링 활동에 대한 진단지(+: 우수함, •: 의심스러움, –:오개념/틀림)

이것은 사용이 간편하며 주요 수학적 모델링 하위 역량을 포함한다. 이를 체계적으로 사용하여 관찰함으로써 과정 중심 진단과 학생들의 모델링 역량 발달(과 퇴보)에 대한 기록을 남길 수 있다. 이것은 한편으로는 모둠 활동을 할 때 개인의 행동 방식에 대한 통찰을 제공하며, 또 다른 한편으로는 시험 없이 학생들을 등급 매기는 방법이다. 이제 앞 장과 같이 모델링 수업의 시나리오를 제시한다. 여러분의 목적은 학생들이 활동 중인 모델링 과정의 현 단계를 진단하는 것이다. 물론 짧은 시나리오를 보고 모델링 능력의 향상 과정을 확인하는 것은 불가능하지만, 여러분 스스로 진단지를 사용하는 상황으로 들어가서 다양한 모델링 문제들을 기록해 볼 수 있다.

두 시나리오에는 모델링 문제 "등대"가 사용되었다.

> 메사추세츠 만에 있는 등대가 신호를 보낸다.
> "보스톤 등대"는 1716년에 지어졌고, 높이는 31m(102 feet)이다.
> 그 불빛은 해변에 접근하는 배에 경고를 보내는 것이다.
> 처음 등대를 보았을 때 배는 대략 얼마나 멀리 떨어져 있는 것인가? 풀이를 설명하시오.

이 문제는 학교, 대학 코스, 교사 연수에서 가르친 경험과 COM² 프로젝트에서 실증적 연구 결과에 근거할 때 학생들에게 또는 예비 교사와 현직 교사에게 자명하지 않다

(2.3절 참조). 이 모델링 과제는 또한 좋은 모델링 문제에 대해 요구되는 기준을 충족하며(3.1절 참조), 그뿐만 아니라 여러분의 학생들에게 하나의 도전이 될 것이다. 9, 10학년 학생들의 진술을 더 잘 이해하기 위해서, 여러분 스스로가 먼저 이 문제를 해결해보아야 한다. 여러분이 선호하는 모델링 사이클의 단계에 여러분의 모델링 과정을 놓아보자. 이는 학생들이 말하고 있는 단계를 진단하는 데 도움이 될 것이다. 이제 다음의 짧은 분석으로 여러분의 결과를 확인해보자(예: Blum & Borromeo Ferri, 2009).

> 첫 번째 단계는 문제를 이해하고, 등대, 배, 지표면을 포함하는 상황을 정신적으로 시각화하는 것이다. 상황의 정신적 표상 결과는 단순해야 한다. 지구는 구로, 배는 점으로, 등대와 배 사이는 가려지지 않고 잘 보이는 것으로 한다. 수학화 단계에서 등대의 높이는 약 31m($H \approx 31$m), 지구의 반지름은 6370km로($R \approx 6370$km), 등대와 배 사이의 알려지지 않은 거리는 S로 두어 실제 상황의 수학적 모델을 유도한다. 수학적으로 고려할 것은 그것이 직각삼각형이라는 점이고, 피타고라스 정리에 따르면 $S^2 + R^2 = (R+H)^2$이므로 $S = \sqrt{2RH + H^2} \approx \sqrt{2RH} \approx 19.87$km가 된다. 이 수학적 결과를 해석하여 초기 질문에 대해 "약 20km"라는 답을 얻었다. 이제 이 실제 결과는 검증되어야 한다. 그것은 합리적인가? 가정은 적절한가? 필요하다면 그 사이클은 새로운 가정으로 다시 시작할 수 있다.

먼저 10학년 학생 C와 학생 L5의 담화를 살펴보자. 학생들은 "등대" 문제를 시작하기 전에, 짝과 논의하기에 앞서 우선 혼자 생각해보라는 교사의 조언을 따른다. 그래서 10분 후 시나리오는 다음과 같다.

시나리오 1

학생 C: 음, 제일 좋은 방법은 그림을 그려보는 거야. 이것 봐.

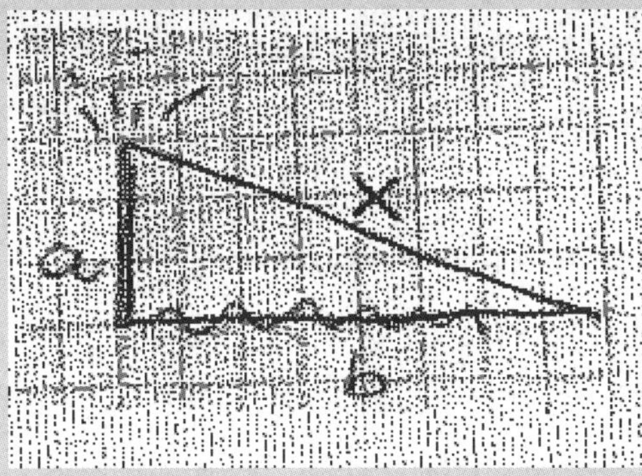

학생 L5: 좋아. 삼각형에서 b로 표시한 지구 곡률을 알아?

학생 C: 난 등대 높이를 알고 있어, 맞아, 삼각형의 이 변을 알아야 해.

학생 L5: 그건 쉽지, 직각삼각형이라 피타고라스 정리를 쓸 수 있어.

학생 C: 문제 푸는 데 더 필요한 정보와 자료가 뭐지?

10분 후(두 학생은 개별적으로 생각하고 활동하였다.)

학생 C: 내가 생각한 것 중 틀린 게 있어. 그림에서 등대의 높이를 삼각형의 한 변으로 보았지만 두 변을 모르고 그것을 어떻게 찾아야 할지 모르겠어.

학생 L5: 그래, 처음에 나도 너랑 똑같이 생각했어. 여기 표시한 것을 봐. 네가 지구를 원이라고 생각할 때 등대를 그 위에 선으로 놓고, 지구의 반지름을 이용하면 피타고라스 정리를 사용할 수 있어.

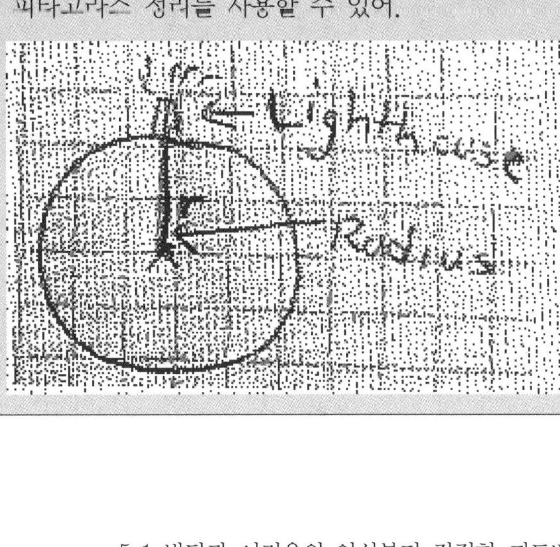

다음 시나리오에서 10학년 학생 W와 학생 K3는 다음 측면에 대해 생각하였다.

시나리오 2

학생 K3: 좋았어! 어떻게 해야 하는지 알았어! 지구의 반지름을 r로, 등대의 높이를 L로, 모르는 것을 x로 두고, 다음과 같이 계산했어.

$x^2+r^2=L+r^2$이므로 $x^2+6370^2=30+6370^2$이고, $x^2=30$이므로 제곱근을 구하여 $x=5.4$야.

학생 W: 좋아. 내 생각에도 네가 맞은 거 같아. 내가 보기에, 상황이 충분히 명확하지 않고 다소 추상적이었어. 등대나 땅 위에 서 있는 것 또는 배의 꼭대기에서 등대를 보는 것에는 어떤 차이가 있을까? 다시 상상해 봐야겠어.

다음 시나리오는 9학년 학생 L6와 학생 M 간의 대화를 보여준다.

시나리오 3

학생 M3: 알아냈어! 답은 18이야!

학생 L6: 18, 뭐? 18미터?

학생 M3: 아니! 킬로미터겠지, 미터는 말이 안 돼.

학생 L6: 너는 그게 맞는다고 생각해?

학생 M3: 좋은 질문이야. 아마도 우리가 처음에 낸 아이디어와 내가 계산한 것을 확인해봐야 할 것 같아.

학생 L6: 맞아. 선생님이 결과를 검증하는 것은 수학적 모델링의 주요 부분이라고 하셨어.

다양한 시나리오에 대해 생각해 봤는가? 학생들이 모델링 사이클의 어느 단계에서 활동하는지 자세히 생각해 봤는가? 시나리오에는 모델링 과정의 짧은 부분만이 제시되지만, 교실에서 순회 지도를 할 때도 종종 그러한 짧은 논의를 얻을 수 있다. 다양한 학생들이 활동하는 모델링 단계를 빠르게 진단할 수 있는 것은 앞서 보였듯이 적절한 개입의 기초가 된다.

시나리오 1에서 학생 C는 실제 모델 형성 단계이다. 그녀는 단순화를 위해 삼각형을 이용해서 실제 상황에 대한 그림을 그렸다. 마지막에 학생 L5가 제시한 의견이 매우 좋았는데, 왜냐하면 현실을 완벽하게 이미지화했고, 자신이 모르는 지구의 곡률에 대해 물었기 때문이다. 학생 L5가 피타고라스 정리를 사용하자고 제안했을 때, 실제 모델을 수학적 모델로 변환한 것이다. 대조적으로, 학생 C는 지구의 반지름과 같은 자료를 더 찾으면서 여전히 실제 모델 단계에 있다. 잠시 후 학생 C는 해결 과정에서 정체되어 있다는 것을 깨달았는데, 자신의 실제 모델이 과제에 적합해 보이지 않았기 때문이다. 실제로 학생 C의 모델은 적합하지 않았는데, x와 b는 자료를 조사한다고 해도 구할 수 없는 변수이기 때문이다. 학생 L5는 잠시 후 결과를 내는 데 도움이 되는 수학적 모델을 개발한다. 여러분은 이론적 관점으로부터 학생 C의 모델이 수학적 모델이 아닌 이유를 논의할 수 있다. 만일 여러분이 학생 C의 그림을 본다면 그녀가 수학적 삼각형으로 완전히 단순화하지 못했다는 것이 명확해질 것이다. 등대는 하나의 그림으로 표현되나 불빛은 빗변을 의미하는 선분은 아니다. 그래서 이것은 학생 L5의 수학적 모델과 반대로 실제 모델로 해석된다.

시나리오 2에서 학생 K3는 막 수학적 활동 단계로 들어와 결과를 얻고 있다. 그는 학생 L5와 유사한 수학적 모델을 만들었고, 적절한 자료를 사용하였다. 여러분은 학생 K3가 방정식을 해결하는, 특히 피타고라스 정리를 사용하는 수학 내적 기능을 토대로 잘못된 결과를 얻는 것을 볼 수 있다. 학생 W는 학생 K3의 사고를 따라갈 수 없었고, 수학적 활동에서 멀어졌다. 그런데도 학생 W는 그가 수학적 모델을 형성하기에 충분히 명확하게 실제 상황을 상상하지 못했고, 그래서 상황에 대한 정신적 표상과 실제 모델을 만드는 것 사이에 더 많은 시간이 필요하다는 것을 이해하였다. 비록 학생 K3는 결과를 얻고 기뻐하지만, 그 결과를 해석하고 증명할 것인지 우리는 알지 못한다.

시나리오 3에서 학생 M3도 또한 결과를 얻었으며, 따라서 수학적 활동 후 모델링 사이클에서 수학적 결과 단계에 이르렀다. 그녀는 이 맥락에서 18을 킬로미터로 옳게 해석하였다. 학생 M3도 처음에는 결과를 검증할 생각이 없어 보였다. 학생 L6가 그 결과가 맞는지 묻자마자 그녀는 결과를 검증하는 것에 대해 생각했고, 그녀는 아마도 실제 모델로 다시 시작했을 것이다. 이 시나리오에서 우리는 학생 L6에 대해 더 많은 정보를 얻을 수 없지만, 그의 마지막 말은 메타인지 모델링 역량을 보여준다. 학생 L6는 결과 검증의 중요성을 기억했기 때문이다.

여러분이 시나리오 속에서 학생의 단계를 진단했을 때 비슷한 결과가 나왔는가? 또한, 여러분이 제시하는 개입이 어떤 유형인지도 적어두었는가? 가장 좋은 연습은 자신의 모델링 수업에서 실행해보는 것이다. 진단과 개입은 함께 가야 하며, 특히 학생들이 수업 활동 중에는 빠르게 이루어져야 한다.

5.1.3 모델링 문제의 지필 해법을 위한 피드백 작성

학생들이 모델링 문제에 해법을 작성할 때 또 다른 종류의 피드백이 필요하다. 이 지점에서 나는 5.2절에서 상세하게 논의한 대로, 해법을 평가하고 등급 매기는 것이 아니라 모델링 역량을 증진시키기 위해 적합한 피드백을 제공함으로써 학생들을 지원하는 것에 초점을 둘 것이다. 지필 해법을 다루는 것은 모둠 활동 중 말로 설명하는 것과 다르다. 여러분이 수학적 모델링을 평가하는 것에 대해 생각하기 전일지라도 학생들은 해법을 작성하는 방법을 배워야 하며, 이는 어쨌든 모든 종류의 수학 과제의 목표여야 한다. 풀이를 작성하는 것은 수학적 의사소통의 한 형태이고, 교사가 학생의 풀이 과정을 가능한 한 잘 이해할 수 있는 방식으로 명확히 해야 한다. 그래서 학생들과 이것을 연습해야 한다. 왜냐하면, 해법에 대한 정보가 없다면 시간이 지나서는 학생의 지필 답안을 평가하거나 그들의 모델링 역량을 향상시킬 수 없기 때문이다. 이 훈련을 위한 가장 좋은 방법은 모델링 사이클을 기초로 사용하는 것이다. 모델링 사이클은 수학적 모델링을 학습하기 위한 메타인지 도구일 뿐만 아니라 학생들이 해법을 작성하는 과정을 구조화하도록 돕기 때문이다. 초기에 학생들은 가능한 한 자세히 자신의 해법을 작성해야 한다. 여러분이 모델링 사이클을 도입하고 난 후 학생들은 모둠 활동을 하는 동안 이것을 사용하고, 모델링 사이클의 단계를 이용하여 풀이 과정을 구조화하는 연습을 할 것이다. 자세한 풀이 과정은 또한 학생들의 발달, 실수, 어려움을 확인하는 기초가 되며, 결과적으로 더 나은 것을 제공할 수 있다는 것을 학생들에게 언급하는 것은 중요하다.

피드백은 긴 역사를 가진 구성물이고 심리학 문헌에서 꾸준히 발달해 왔다(Hattie, 2009). 문헌을 보면, 학교와 수업 계획 맥락에서뿐만 아니라 회사에서 개인 관리를 할 때도 피드백을 사용하는 방법에 대한 많은 아이디어를 찾을 수 있다. 피드백과 평가는 회사에서 자질에 대한 주요한 규준으로 제시되는데, 이는 이 기술들이 과정에, 특히 여러분 자신의 행동에 심각하게 영향을 줄 수 있다는 것을 의미한다. Kluger & DeNisi(1996, p.235)는 피드백의 긍정적인 정의를 "누군가의 과제 수행의 일부 측면에 대한 정보를 제공하기 위해 외부의 도움으로 취해진 행동"이라고 형식화하였다. 그래서 이것은 명백하게 실행에 중점을 두고 있다. 수학적 모델링의 교수 · 학습 맥락에서 교사는 학생들의 학습에 영향을 주는 피드백 제공 방법에 대해 알아야 한다. 학생의 성취에 영향을 미치는 138개 요인을 평가하기 위해 Hattie가 한 메타분석(Hattie, 2009)을 살펴보면 비록 상당한 가변성이 있지만, 피드백이 10위 내에 위치함을 알 수 있었다. Hattie(2009)는 Kluger & DeNisi의 연구를 근거로 일부 유형의 피드백이 다른 유형보다 훨씬 강력하다고 결론 내렸다.

수업 평가의 조건과 결과(Conditions and Consequence of Classroom Assessment: Co^2 CA) 연구에서는 모델링 문제의 지필 해법에 좋은 피드백을 써주는 효과에 대한 조사가 중점이 되었다. 더욱이 주요 연구 문제는 모델링 과제에 효과적으로 피드백을 하기 위해 교사를 지원하는 방법에 대한 것이었다(Besser et al., 2001). 이 프로젝트에서는 중등교사에 대한 교사 연수뿐만 아니라 교수학적 지식과 교수학적 내용 지식의 주요한 측면을 측정하기 위한 사전, 사후검사도 개발되었다. 25명의 교사가 실험 집단과 통제 집단으로 이 연수에 참여하였다. 두 집단의 연수 내용은 같은 것이었지만 실험 집단은 피드백 제공을 체계적으로 훈련받았다. 첫 번째 연수 후 두 집단은 10주 동안 학교로 돌아갔고, 학교에서 모델링 문제의 지필 해법에 대한 피드백을 수행하였다. 두 번째 교사 연수 후 사후검사 결과에서는 실험 집단의 교사들이 수학적 모델링의 피드백과 일반적인 아이디어를 제공하면서 통제 집단의 교사보다 월등한 수행능력을 보였다. 다음 문항(**그림 5.2**)은 프로젝트에서 교사의 교수학적 내용 지식이 어떻게 평가되었는지 보여준다.

또 다른 목적은 교사가 피드백을 작성하여 제공하는 것이 학생들 또는 단 한 명의 학생에게라도 도움이 되었는지를 조사하는 것이다. 학생의 수행능력 개선은 교사가 작성한 피드백을 기초로 하여 상세하게 분석되었다. 핵심적인 결과는 구체적인 내용 전략적 왼쪽에는 과제, 오른쪽에는 그 과제에 대한 한 학생의 해법이 주어진다.

과제:

스톤 씨는 룩셈부르크의 국경에서 20km 떨어진 트리어에 산다. 그는 VW Golf 차량의 연료를 넣기 위해 주유소가 있는 국경 바로 뒤쪽의 룩셈부르크로 갔다. 거기서는 연료 1리터에 0.85유로를 내야 하는 반면 트리어에서는 1.1유로를 내야 한다.

스톤 씨는 룩셈부르크까지 갈 가치가 있는가? 답을 쓰고 그 이유를 설명하시오.

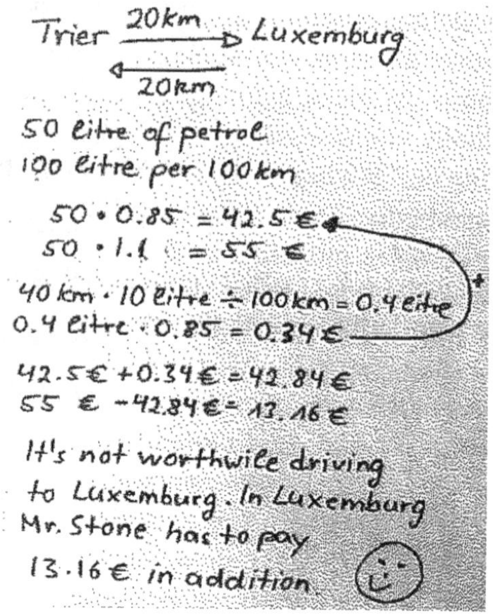

이 학생에게 심화 학습을 지원할 수 있는 피드백을 작성해주시오.

그림 5.2 PCK 하위 검사 문항(Blum, 2011)

피드백이 다음 모델링 문제를 푸는 동안 학생들이 인식하는 것을 도왔다는 것이다. 교사의 피드백이 성공적이었기 때문에 학생들은 전에 했던 실수를 피할 수 있었다.

5.2 시험을 이용한 모델링 평가

앞 절에서 진단지를 사용하여 과정 중심 관점에서 모델링 활동 중 모델링 역량을 진단하고 평가하는 방법에 대한 예시가 제시되었다. 다음은 표준 시험 내의 모델링 문제와 달리 단원평가를 통해 모델링이 어떻게 평가될 수 있는지 자세히 보여준다. 우선 수업 중 활용되는 모델링 문제와 시험에서 사용되는 모델링 문제를 구분해야 한다. 각각은 다른 목적과 형식을 갖는다. 전자는 학생들의 모델링 역량을 향상하기 위해 모델링이 무엇을 의미하는지 보여주기 위해 사용되는 반면, 후자는 모델링에 대한 기본적인 이해를 시험하는 데 사용된다. 독일의 수학교육 표준 시험 "VERA"또는 미국의 CCSSM 시험처럼 표준화된 시험에서 모델링 문제는 복잡하지 않다. 따라서 첫째 과제 유형은 결과적으로 둘째 과제 유형의 기초가 된다. 학생들이 오랜 기간에 걸쳐 수학적 모델링에 대해 교사와 활동해야만 신뢰할만한 만족스러운 시험 결과를 얻을 수 있다. 학생들은 모델링 문제해결을 위한 전략을 학습해왔으며 모델링 과정의 여러 단계를 알고 있다. 그러나 더 중요한 측면은 학생들이 실세계에서 수학으로 변환하기 위해 혹은 그 반대의 경우를 위해 주어진 상황을 진지하게 받아들인다는 것이다. 실제로, 표준화된 시험 내에서 모델링 문제의 결과를 평가하는 것보다, 단원평가에 사용한 모델링 문제의 평가와 채점이 더 큰 도전이다. 표준화된 시험의 경우 답에 대한 코딩 매뉴얼이 제공되지만, 복잡한 모델링 문제의 경우 해법을 평가하고 최종적으로 점수를 매기기 위해 더 많은 지식과 경험이 필요하다.

15세의 8학년 학생들을 위한 독일 수학교육 표준 시험인 VERA 8등급 시험의 한 모델링 문제로 시작해보자. 2003년부터 독일 수학교육 규준에서 정의된 모델링 역량을 시험하는 것이 목적이다. 이 문제는 "내용 안내 아이디어"(예를 들어, 기하학, 미적분 또는 확률)라 불리는 수학적 내용, 역량(미국의 "실천", 칠레의 "관습"), 1부터 3까지의 인지적 수준을 동시에 시험하기 위해 80분 동안 시행되는 여러 질문 중 하나이다. 계속 읽어나가기에 앞서 "카누 타기" 문제를 풀어보아라.

8A 학년 학생 21명은 카누 타기를 좋아한다. 불행히도 카누 클럽의 카누가 모자라다. 그래서 크렐 선생님은 카누를 더 많이 싣고자 트레일러가 있는 트럭을 빌리고 싶어한다. 선생님은 신문에서 다음과 같은 두 가지 제안을 발견한다.

제안1	제안2
트레일러가 있는 트럭 픽업 고유한 기본 가격 : 90유로 킬로미터당 25센트 (마일리지 허용)	트레일러가 있는 트럭 픽업 고유한 기본 가격 : 110유로 킬로미터당 0.15유로 (마일리지 허용)

두 제안을 비교하시오.

크렐 선생님에게 트레일러가 있는 트럭을 고를 수 있도록 조언하시오. 여러분의 주장을 서술하시오.

이 과제는 자명하지 않다. 심지어 독일의 고학력 트랙(인문계 학교)의 학생들조차 9%만 해결하였다. 이 문제는 그리 복잡하지도 않은데 왜 그렇게 어려운가?

분명히 실세계로부터 수학으로 변환과 그 역과정이 필요하다. 학생들은 문제를 주의 깊게 읽고 제안을 비교하기 위한 출발점을 찾아야 한다. 대여료는 트럭과 트레일러의 운전 거리에 달려있다. 따라서 학생들은 두 제안의 비용이 똑같아지는 운전 거리(200km/124.2miles)를 정확하게 계산해야 한다. 그런 다음 더 짧거나 더 긴 주행 거리에 따라 하나의 제안을 서술해야 한다. 예를 들어 그림 또는 대수적 해결 방법을 사용하여 체계적으로 시도하는 등 정확한 교차점을 얻는 여러 방법이 가능하다. 이 과제의 코딩 매뉴얼에 형식화되어있는, 가능성 있는 정확한 설명 두 가지는 다음과 같다. (1) 크렐 선생님은 운전 거리에 따라 결정해야 한다. 만약 200km/124.2miles 이상을 운전한다면 두 번째 제안을 선택해야 한다. 200km/124.2miles 이하를 운전한다면 첫 번째 제안이 유리하다. (2) 크렐 선생님은 두 번째 제안을 선택해야 한다. 왜냐하면 200km/124.2miles 이상의 거리에서 더 유리하기 때문이다. **그림 5.3**은 한 남학생의 옳은 해법이다. 그 학생은 상황을 단순화하고 수학적 모델을 만들었고 대수를 이용해 답

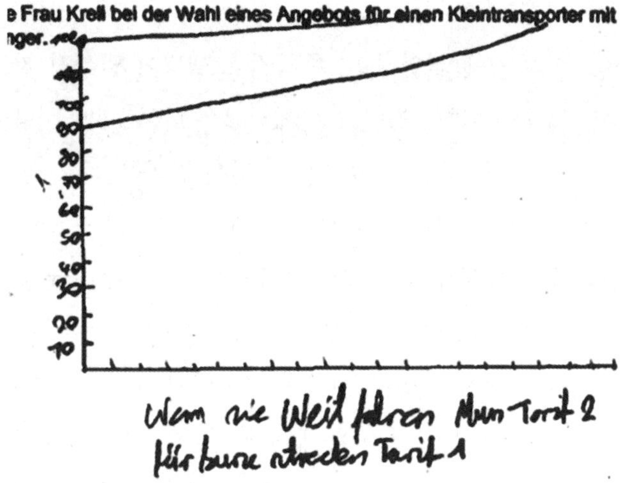

그림 5.4 카누 타기 - 그래프를 이용한 옳지 않은 해법

을 구하였다. 계산 아래에는 "200km(124.2miles) 이하에서 제안 1이 더 저렴하고 200km 이상에서는 제안 2가 더 싸다."라고 썼다.

그림 5.4에 제시된 그래프를 이용한 해법은 옳지 않다.

이 학생은 y축을 가격으로 나타낸 것 같은데, x축을 지정하지 않았다. 그러나 결국 옳게 입증하였다. "장거리를 운전해야 한다면, 제안 2를 선택해야 하고 그렇지 않다면 제안 1을 선택해야 한다." 이 시각적 표현은 틀렸고 혼란스럽지만, 학생이 주로 이 문제를 시각적으로 해결하였다는 것은 상당히 흥미롭다. 적어도 제시된 두 가지 해법이 옳지만, 많은 학생은 아무 가정도 할 수 없었고, 따라서 **그림 5.5**의 주장처럼 더 이상의 모델링 과정에 성공하지 못하였다.

이 학생이 수학화하기 위해 교사의 도움을 받아 하위 역량인 가정하기에서 더 노력해야 한다는 것이 분명해진다. 3.2절에서 보였던 과제나 모델링 과정 전체에 초점을 맞

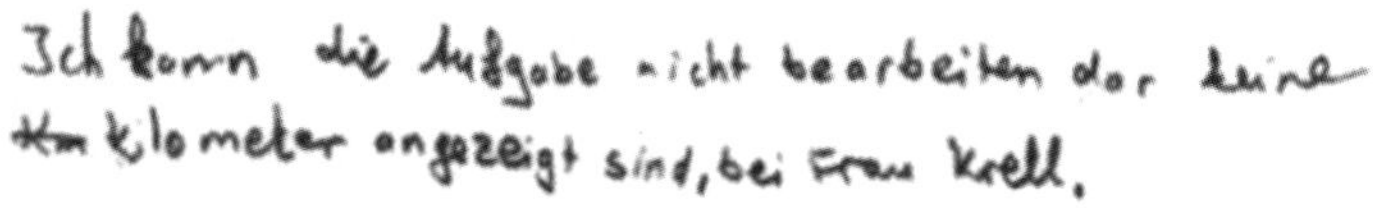

그림 5.5 카누 타기 - 학생 자신의 가정이 없음("크렐 선생님의 킬로미터나 마일에 대해 아무것도 말하지 않기 때문에 문제를 풀 수 없다.")

춘 “등대 과제” 같은 과제로 연습할 수 있다.

지금까지 이 책을 주의 깊게 읽었다면, 수학적 모델링이 일상적 지도의 일부가 되어야 한다는 것을 분명히 알 것이다. 모델링 문제해결은 다른 모든 역량이나 실천을 지원하기 때문이다. 수학 모델링의 경우, 특히 만족스러운 결과를 얻고 싶을 때 짧은 시간에 시험을 보는 것은 불가능하다. 따라서 교사들이 내게 시험 날짜 전에 학생들이 다루어야 할 모델링 문제의 최소 개수에 대해 조언을 구한다면, 대답은 분명하다. 4! 왜 네 개의 모델링 문제인가? 바쁜 학교 생활을 염두에 두고 실용적인 수준에서 답한 것임을 명심하라. 또한 이 책에서 상세히 설명한 수학적 모델링의 교수 · 학습에 대한 기준을 낮추고 싶지 않다. 따라서 첫 번째 모델링 문제는 학생들이 모델링 과제 형식(개방적이고 현실적이고, …)에 익숙해지도록 돕는다. 두 번째 모델링 문제는 학생들이 이전 문제로부터 배운 전략과 지식(특히 가정하기, 결과를 해석하고 검증하기)을 다음 문제를 다루기 위해 사용해볼 수 있도록 한다. 세 번째 문제 전후 또는 해결 중에 학생들에게 4단계 모델링 사이클(2.2절 참조)을 도입해야 한다. 마지막으로 네 번째 문제를 해결할 때 학생들은 모델링 사이클을 메타인지 도구로 사용한다. 물론 이 모든 활동은 교사, 학생들의 토론과 반성이 수반된다. 따라서 학생들에게 모델링 과정을 명확히 하기 위해 메타 수준이 중요하다. 수학교육 규준의 실천/역량으로서 수학적 모델링은 표준화된 시험뿐만 아니라 단원평가를 통해서도 검사되어야 한다. 예를 들어 “이사” 과제가 부피에 관련된 것처럼, 모델링 문제는 종종 수학 주제에 완벽하게 들어맞는다. 참고할 수 있는 완성된 코딩 매뉴얼을 갖고 있지 않기 때문에, 이러한 종류의 모델링 문제로 학생을 평가하는 것은 “카누 타기” 과제와는 다르다.

앞서 언급했듯이 지필 해법의 평가는 학생들이 해법을 쓰도록 어떻게 가르쳤는지에 달려있으며, 여러분이 이해할 수 있는 방법이어야 한다. 여러분이 학생들에게 모델링 사이클을 가르쳤고 학생들이 그것을 한동안 메타인지 도구로 사용하였다면, 그들이 모델링 과정의 단계에 따라 해법을 쓰는 것은 문제가 되지 않을 것이다. 이것은 물론 평가를 위한 최선의 근거가 될 것이지만, 보통 그렇지 않다. “함부르크 항” 모델링 문제의 **그림 5.6**의 해법과 3장에서 보였던 해법의 분석을 보아라.

이 해법에 대해 학생에게 어떤 점수를 줄 것이며 그 이유는 무엇인가? (**그림 5.6**을 보아라.) 그 전에 평가 기준과 주어진 모델링 문제에 대해 기대하는 것이 무엇인지 생각하

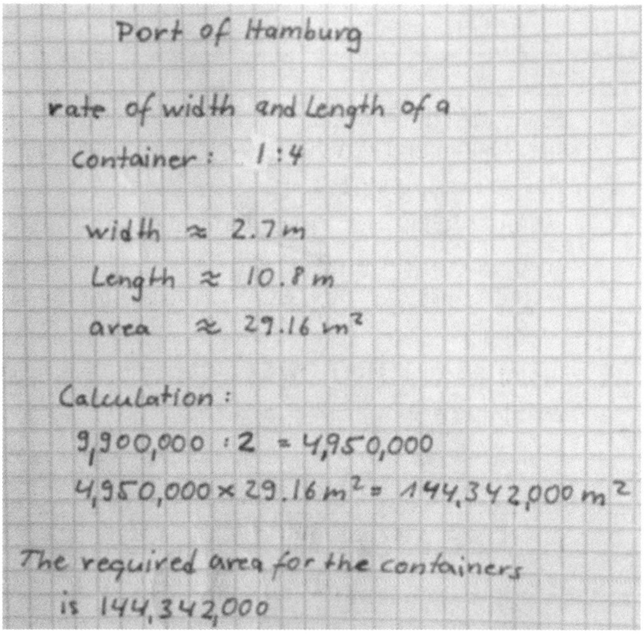

그림 5.6 "함부르크 항" 해법

라. 필요한 배경 정보는 그 학생이 전에 해법을 적는 방법을 배운 적이 없는지 그리고 새로운 수학 교사가 학급에서 모델링을 시작한 이후, 3개월 동안 학교에서 모델링 문제를 규칙적으로 다루었는가이다.

이것은 "좋은" 해법인가 "옳은" 해법인가? 여러분의 평가 기준은 어떠한가?

다음에서 이런 종류의 모델링 문제 해법을 평가하기 위해, Müller에 따라 채택되고 수정된 스킴(Schukajlow, 2009 참조)을 어떻게 사용할 수 있는지를 여러분에게 보일 것이다. 이를 위해 여러분은 모델링 과정의 단계에 대해 알고 있어야 한다. 좋은 점은 이것이 여러분이 사용할 **모든 모델링 문제를 평가**하기 위한 기본 스킴이라는 것이다. 실제로 특정 모델링 문제에 대해 각 부분에 할당해야 할 기대와 점수에 초점을 맞추는 것은 도전이다. "함부르크 항구" 문제에서 인지적 분석은 이제 위 학생의 해법을 평가하기 위한 기초가 된다. 부분 점수의 배분은 수학 교사와 함께 결정하였다. 평가 규준을 투명하게 하는 것은 학생과 부모에게 유익하며, 특히 수학적 모델링 분야에서 그렇다(**표 5.1**).

해법의 전체 점수는 이 학생이 거의 모든 하위 역량과 해법의 기록 방법에서 더 많은

표 5.1 "함부르크 항" 평가 스킴

풀이 단계	내용	점수
단순화/가정(4점)	• 문제는 컨테이너의 크기를 어림하는 것으로 단순화되기 시작하였고 컨테이너의 넓이가 계산되었다. → 크레인 경로, 저장 기간 등 추가 가정이 부족하다.	2점
수학화(3점)	• 수학화는 990만 개의 컨테이너를 2로 나누면서 부분적으로 이루어졌다. 이유가 명확하지 않고 옳지 않지만, 다른 배로 옮겨 싣는 영역을 얻기 위해 그 결과가 컨테이너의 넓이로 다시 나누어졌다. →가정이 완전하지 않았기 때문에 많은 측면이 수학적 모델에 포함되지 않는다.	1.5점
수학적 활동(3점)	• 현재 계산은 옳으나 적절한 수학적 모델을 따르지 않는다.	1.5점
해석/검증(2점)	• 결과는 해석되거나 검증되지 않는다.	0점
결과 서술(2점)	• 결과가 옳지 않을지라도 매우 간략히 서술된다.	1점
전체 점수(14점)		6점

지원을 받아야 한다는 것을 보여준다. 3장에서 하위 역량을 특별한 과제로 어떻게 신장시킬 수 있는지 보았고, 이것은 이 학생에게 좋은 다음 단계일 것이다. 이것은 수학 교사의 의견이었으며 또한 다음 수업에서 다른 학생들을 위한 초점이기도 하였다.

다음에 제시된 모델링 문제는 독일 교육체계의 고학력 트랙인 인문계 학교 10학년 학생들의 부피 단원 평가로 사용되었다. 학생들은 이미 1년간 모델링 문제로 활동해왔고 교사와 함께 하위 역량에 집중하였다. 모델링 문제 "크리스마스 트리"는 모든 학교에서 사용될 수 있다. 학생들은 이 문제가 시험에 나올 것을 몰랐지만, 교사는 1주 전에 학생들과 함께 강당의 크리스마스 트리에 대해 이야기를 나누고 살펴보았다. 따라서 학생들은 나무의 높이와 너비뿐만 아니라 어떤 수학적 내용이 나무에 적용되는지에 대해 생각했어야 했다.

크리스마스 트리

올해도 학교 강당에 크리스마스 트리를 놓고자 한다. 관리원과 조수가 입구를 통과하여 트리를 운반할 것이다. 이번에는 나무에 낱개 전등을 많이 달지 않고, 그물로 된 전등을 사려고 한다. 나무 전체를 덮으려면 전등 그물의 크기가 어느 정도여야 할까?

모델링 과정의 단계에 따른 모델링 문제의 상세한 분석을 보이지 않는다면, 교사가 초점을 맞추는 것이 원뿔이라는 것은 분명하다. 교사의 목표는 모델링 능력을 평가하는 것뿐만 아니라, 학생들이 크리스마스 트리에 대해 생각할 때 원뿔을 "볼 수 있는가"를 알아내는 것이다. 수학적 모델링을 세우기 위해 부피 공식이 아니라 원뿔의 곡면 겉넓이가 필요하다는 것을 이해하는 것이 주요 측면이다. 아래에 한 여학생의 해법이 있다. 스킴에 따라 점수를 매기기에 앞서, 다양한 단계에 대한 점수 분배와 이 모델링 문제에

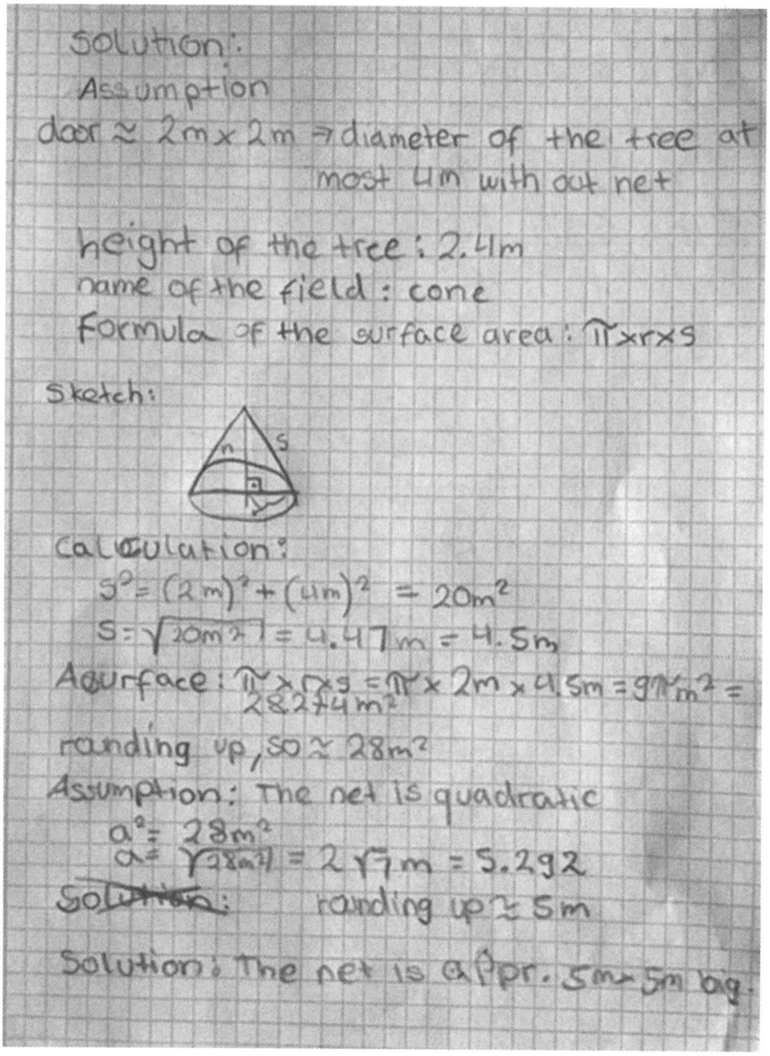

그림 5.7 "크리스마스 트리" 해법

표 5.2 "크리스마스 트리" 평가 스킴

풀이 단계	내용	점수
단순화/가정(3점)	• 크리스마스 트리가 원뿔형으로 단순화되었다. • 필요한 가정을 옳게 하였다. 나무의 높이와 폭을 입구로 어림했고 나무의 지름과 높이인 4m는 이해할 만하다.	3점
수학화(3점)	• 학생은 원뿔의 곡면 겉넓이 공식을 올바르게 사용하고 그림을 그렸다.	3점
수학적 활동(3점)	• 계산이 옳다. 정사각형 안에 있는 전등 그물과 같은 추가 가정이 포함되었다.	3점
해석/검증(2점)	• 넓이를 5m×5m 정사각형이라고 쓴 것에서, 결과는 부분적으로 해석되었으나 검증을 보이지 않는다.	1점
결과 서술(2점)	• 거의 모든 단계에서 과정이 잘 서술되었고 명확하다.	2점
전체 점수(13점)		12점

관한 학생들의 해법에서 무엇을 기대하는지에 대해 생각해 보아라(**그림 5.7**).

교사가 문제 모델링에 대한 학생들의 해법을 평가하기 위해 스킴을 사용한 것이 처음은 아니다. 여러분의 방법을 교사의 결정과 비교하고, 결국 그 해법에 대한 점수와 관련한 합의를 얻었는지 결정할 수 있다(**표 5.2**).

여러분이 보았듯이 그 여학생의 해법은 매우 훌륭하였다. 물론 그 이유 중 하나는 수학 수업 중 교사가 모델링 문제를 장기적으로 실행했기 때문이다. 모델링 활동을 지속하면 학생들의 모델링 역량 및 메타인지 모델링 역량 향상에 매우 도움이 되는 것은 분명하다.

비록 교사가 여러 번 연습해야 하지만 모델링 문제를 평가하는 것은 생각만큼 어렵지 않다. 이 모든 것의 기초는 모델링 사이클의 단계에 대한 여러분의 지식과 시험에 사용하는 모델링 문제에 대한 기대이다. 여러분은 또한 표준화된 시험에서 모델링의 실천/역량을 평가하는 것은, 예를 들어 단원평가에서와 상당히 다르다는 것을 알았다. 표준화된 시험보다 여러분 스스로 검사를 개발할 때 학생들의 모델링 역량을 평가하는 복잡성과 도전이 더 크다. 기회와 도전을 통해 모델링 문제의 첫 번째 평가에 스킴을 활용하라.

6장

수학적 모델링의 날과 프로젝트: 심화 활동

학교에서 3일간의 모델링의 날 활동은 학생들과 나를 위한 도전이었다. 멋진 시간이었고, 많은 것을 배웠다. 가장 좋았던 순간은 학생들이 문제해결을 위해 열심히 활동한 후 결과를 발표할 때 행복해하는 것을 보는 것이었다.

– 예비 교사 D

여러분의 목표는 장기적으로 모델링 역량을 높이고 모델링을 지속 가능한 수학 학습 방식으로 만들기 위해, 일상적인 수학 지도 시 모델링 문제를 실행하는 데 시간을 들여야 한다는 것이다. 이전 장들에서 이 목표는 달성할 수 있다는 것이 분명해졌다. 특히, 여러분이 이 책에서 자세히 설명했던 모델링 지도를 위한 해당 역량을 가지고 있을 때 더 쉬워지며 더 구조화된다. 나는 이 장을 책의 핵심이라고 말하고 싶다. 이 장에서는 학교에서 학생들이 하루 이상 모델링 문제를 해결하는 활동을 할 때 무엇이 가능한지를 보여주며, 또한 대학(수학 교사 교육)과 학교 사이의 연계가 어떻게 성공적으로 이루어질 수 있는가를 보여준다. 따라서 6.1절은 학교에서 '모델링의 날'을 어떻게 계획하고 구조화할 수 있는가에 대한 통찰을 제공한다. 그리고 모델링 문제의 복잡성과 관련하여 학생들이 정규 수학 수업 시간에 다루는 문제와 비교하여 모델링 문제를 해결하는 것이 무엇을 의미하는지를 알려준다. 더욱이 교사 교육은, 특히 수학적 모델링의 경우, 연수받은 교사들이 학교에서 모델링 문제를 해결할 때 실제로 학생을 보며 지도할 수 있고, 학생들을 지도하는 동안 자신의 개입에 대해서 반성할 수 있다면 더욱 뚜렷해진다. 이러한 연계 짓고 활용하는 방법은 6.2절에서 학교들과 협업한 카셀대학교의 '모델링의 날' 사례를 통해 살펴볼 수 있다.

6.1 수학적 모델링의 날 계획 방법

'모델링의 날'이나 '모델링 주간'과 같은 이벤트는 전 세계적으로 새로운 것은 아니다(예: Kaiser & Schwarz, 2010; Gottlich & Bracke, 2009). 예를 들어 대학에서 우수한 고등학생들을 대상으로 방학 기간 중 1주일 동안 복잡한 모델링 문제를 해결할 수 있도록 특별히 초대하는 경우와 같이, 몇 가지 목적을 위해 다양한 형태로 이러한 모델링 활동을 찾아서 구성할 수 있다. 대개 수학에 많은 관심이 있거나 영재 학생은 이러한 이벤트에 참가하고 싶어한다. 그 학생들이 훨씬 깊은 통찰을 갖게 되고, 수학의 간학문적 특징을 알게 되어, 이후에 수학 공부에 대한 욕구도 증가할 것이기 때문에 이 접근법은 의미가 있다(Borromeo Ferri et al., 2016).

지난 8년에 걸쳐 내가 실시한 '모델링의 날'의 목표와 목적은 학생 수, 연령, 전체적 구조 등과 같이 여러 가지 측면에서 이들 형식에 따라 다르다. 그 형식은 학교와 (수학 교사 교육) 대학 간의 협업으로 결정된다. 우선 나는 학생들을 수학적 수행능력이나 그들이 속한 학교의 학력 트랙(저, 중, 고)에 따라 선택하지 않는다. '모델링 문제가 매우 복잡해서 90분 수업으로는 부족하다'라는 사실이 선택 제약의 부분적인 요인이다. 그래서 보통 9학년 이상의 학생들이 '모델링의 날'에 참여한다. 특히 학생들[22]에게는 대학교에 가서 환경을 살펴볼 수 있는 좋은 경험이 된다. 그러나 나는 다음 절에서 볼 몇 가지 이유로 학교에서 '모델링의 날'을 편성하는 것을 선호한다. '모델링의 날'의 주요 목적은 다음과 같다.

- 학생들은 수학이 유용하고 여러 직업의 기초가 된다는 것을 이해한다(수학은 계산하는 것 이상이다).
- 학생들은 실생활 문제를 풀 때 수학을 적용하고, 수학의 간학문적인 본성을 파악한다.
- 학생들은 수학적 모델링의 의미를 이해하고 모델링 역량을 향상시킨다.
- 학생들은 예비 교사나 수학 교사가 지도한 대로 3일 동안 하나의 모델링 문제에 집중하며 지속적으로 활동한다.
- 학생들은 모둠으로 수학에 대해 효과적으로 의사소통하고 토론한다.
- 학생들은 모둠으로 또는 개별적으로 자신의 해결 과정과 결과를 발표할 수 있다.

6.1.1 '모델링의 날'의 구조

세부 사항을 설명하기 전에, 3일간의 '모델링의 날'의 전반적인 구조는 다음과 같다(**표 6.1**).

---

22) 역자 주: 저자는 학생을 학교 수학을 배우는 초, 중, 고등학교의 학생들과 대학생으로 나누어서 제시하고 있다. 이 장에서는 초, 중, 고등학교 학생들의 경우, 대학생과의 구분을 위해 'school students'로 나타내고 있으나, 여기에서는 이를 '학생'으로 지칭하기로 한다. 단, 대학교의 학생을 지칭할 때에는 '대학생'이라고 나타낸다.

표 6.1 3일간 '수학적 모델링의 날'의 개요 및 구조

일	활동 / 목적 (경험 포함)
첫째 날 전일제: 오전 9시부터 오후 3시까지	• 학교의 강당에 온 것을 환영하며 시작한다. 수학적 모델링이 무엇인가와 '모델링의 날'의 목적을 간단히 소개한다. • 세 가지 모델링 문제를 제시한다. 각 모둠이 앞으로 3일 동안 해결할 모델링 문제를 선택할 수 있다. • 대학생 또는 교사가 각자 학생 한 모둠을 선택하고 교실로 이동한다. • 모델링 문제를 시작하기에 앞서, 학생들이 전에 협업한 경험이 없다면 서로 소개한다. • 첫째 날에는 학생들이 모델링 문제를 이해하고 이전에 알고 있던 수학 과제와의 차이점을 찾아보거나 토론할 필요가 있다. 학생들은 대개 이전에 모델링 문제로 활동한 적이 없었다. 또한 학생들은 첫 번째 가정을 하고 주어진 문제를 단순화하기 위해 문제와 관련된 데이터를 검색해야 한다.
둘째 날	• 전날의 결과에 대한 간단한 복습을 위해 학생들에게 질문하는 것으로 하루를 시작한다. • 2.2절에서 설명한 접근법 중 하나에 따라 모델링 사이클을 도입한다. • 이날 학생들은 더욱 체계적인 방식으로 활동하고 활동에 대해 반성하고 모델링 사이클 및 단계를 파악하기 때문에 해결 과정에서 탁월한 발전을 이룬다.
셋째 날	• 이날의 활동 시간은 정오까지다. 점심 식사 후에 모든 모둠은 발표 준비를 해야 한다. 모든 모둠이 앞에 나와서 결과를 발표할 수는 없으므로 세 가지 다른 모델링 문제에 대한 결과를 보여주는 세 개의 모둠을 선택해야 한다. • 발표와 상관없이 모든 모둠의 목적은 결과를 포스터로 만드는 것이다. 시간이 걸리는 일이며, 결과를 다른 사람들이 이해하기 쉽게 하는 방법을 논의해야 하므로 학생들에게는 어려운 과제이다. 학생들이 열심히 한 것을 치하하도록, 먼저 강당에 포스터를 걸어 놓는다. 발표 후에 포스터를 둘러볼 수 있도록 전시 관람 시간을 갖는다. 나이가 어린 학생들과 교사들을 이 행사에 초청해도 좋다.

수학적 모델링의 날을 5일이나 6일이 아닌 3일로 정하는 것은 일상적인 학교생활 내에서 실행을 더 용이하게 만든다. 이 지역의 교사 및 학교와 긴밀한 관계를 맺고, 동일 연령의 그룹(예: 9학년 전체 또는 11학년 전체) 또는 적어도 한 학년 학생의 절반이 수업에 참여하도록 설득하는 것이 도움이 된다. 최대 5명의 학생이 모둠으로 함께 활동해

야 하므로 학교에 사용 가능한 공간이 충분히 있어야 한다. 한 교실에서 두 모둠이 함께 활동해도 문제는 없지만 두 모둠이 다른 모델링 문제로 활동하는지 확인해야 한다. 모둠 수는 학생들을 지도할 수 있는 예비 교사 또는 현직 교사의 수에 따라 다르다. 5명 이하의 모둠을 만들어야 한다는 철학은 학생들에 대한 교사의 지원이 더 집중적일 수 있다는 점과 전문가들이 일상생활 속에서 이러한 종류의 문제를 해결할 때 어떠한지를 시뮬레이션하면서 학습자에게 역동적인 모둠의 경험이 중심 역할을 한다는 점에 기인한다. 더욱이 여러분이 모둠의 코치일 때, 학습자의 노력을 훨씬 잘 관찰할 수 있고 학습자의 모델링 과정 중 교사 자신의 개입에 대해서도 반성할 수 있다. 비록 학생들이 이전에 모델링 문제해결에 자주 참여하지는 않았지만, 학교에서 '모델링의 날'을 시작하고 나서, 3일 후 학습자의 모델링 역량이 향상된 것은 매우 인상적이었다(Borromeo Ferri et al., 2013; Grunewald, 2012 참조). 또한 학생들의 수학적 신념은 수학에 대해 매우 고정적인 관점에서 보나 역동적인 관점으로 바뀌었다. 수학이 실생활 문제를 해결하는 데 도움이 되며 필요하다는 것이 분명해졌기 때문이다. 좋은 모델링 문제의 기준을 돌이켜볼 때 특히 복잡성과 진정성 측면이 한 수업에서 항상 가능하지는 않지만, '모델링의 날'에는 가능하다.

6.1.2 버스 노선에서 버스 정류장의 간격은 어느 정도가 최적인가?

'모델링의 날'을 위해 모델링 문제 세 개를 선택한 것은 어느 연령층에 초점을 두는가에 따라 달라진다. 세 가지 모델링 문제에 흥미로운 맥락을 제공하는 것은 학생들에게 세 개 중 하나를 선택하도록 동기를 부여하는 데 중요하다. 다음의 모델링 문제를 선택한 것은 이전 '모델링의 날'에 성공적이었다.

- 수영장의 화학 물질 혼합물을 어떻게 최적화할 수 있는가?
- 헬리콥터가 스키장에서 부상 당한 사람들을 신속하게 돕기 위해 최적의 방식으로 어떻게 배치될 수 있는가?
- 신호등과 로터리 교통상황 비교 - 교통정리를 위한 최선의 방법은 무엇인가?
- 얼마나 많은 LTE 송신탑이 독일 전역에 배포되어야만 어디서나 인터넷 연결이

원활하게 이루어질 수 있는가?

- 주어진 버스 노선에서 버스 정류장 사이의 거리는 어느 정도가 최적인가?
- 모든 소득 수준에 적합한 공정하고 투명한 세금 모델을 개발하시오.

가장 먼저 수학의 간학문적인 본성이 분명해지며, 이는 '모델링의 날'의 한 가지 목적이기도 하다. 따라서 학습자의 각 모둠은 선호도에 따라 모델링 문제를 선택한다. 예를 들어 수영장의 화학 물질 문제를 선택한 모둠은 생물학이나 화학을 선호하는 모둠이라고 볼 수 있다. 많은 학습자가 공정한 세금 모델을 개발하는 데 관심이 있었으며, 3일간의 활동 후에는 교사로서 기대했던 것보다 다양한 내용, 즉 재정이나 정치에 대해 더 많이 알게 되었다. 3일간의 '모델링의 날'이 끝나면 학생들은 자신의 모델링 문제 분야에서 실제로 '전문가'가 된다. 왜냐하면, 학생들은 맥락에 대해 많은 것을 배우기 때문이다.

다음에서 여러분은 9학년과 고등학교 학생들이 선호하는 "최적의 버스 노선 문제"(Stender, 2016)에 대해 더 많은 통찰을 얻을 것이다. 먼저 이 모델링 문제에 대한 간단한 분석이 제시된다. 나는 여러분이 이 모델링 문제에 대한 개발자의 아이디어를 읽어보기를 강력히 추천한다(Stender, 2016, p.115 참고).

이 문제를 보면, 작은 마을이 아닌 중소 도시에 거주하는 학생들에게 이 맥락이 특히 흥미로울 수 있다는 것은 분명하다. 왜냐하면, 그 학생들은 상황에 대한 더 많은 실생활 경험을 지니기 때문이다. 그러나 버스를 타보지 않은 학습자는 최적의 버스 노선 계획의 배경이 되는 수학에 대한 아이디어가 있어야 한다. 주어진 질문은 버스로 이동하는 시간이 대중교통을 이용하는 사람들과 관련된 유일한 부분이 아니라, 정류장까지 오가는 시간에 관한 문제에 기초한다. 따라서 전체 이동 거리를 고려해야 하며 이는 대중교통 공급자에 의해 고려되었다. 마찬가지로 대중교통 제공 계획을 세울 때 공급자는 두 버스 정류장 사이의 최적 거리를 알아내야 한다. 만약 버스 정류장 사이의 거리가 너무 멀다면 도보 거리가 너무 길지만, 버스는 자주 멈추지 않고 더 빨리 운전할 수 있다. 버스 정류장이 서로 매우 가깝게 위치하는 경우에는 반대의 상황을 고려하여 최적의 거리를 찾아야 한다. 학습자에게 다음과 같은 추가 설명과 함께 실생활 문제를 제공한다.

버스 노선에서 버스 정류장 사이의 거리는 어느 정도가 최적인가?

주민들은 버스 정류장에 빨리 도착할 수 있도록, 자신의 집에 최대한 가깝게 버스 정류장이 있기를 원한다.

- 버스를 타고 있는 사람들은 버스 정류장 사이의 거리가 멀기를 원한다. 그러면 목적지에 더 빨리 도착하기 때문이다.
- 버스 정류장 사이의 최적 거리를 찾는 것이 목적이다.

이 모델링 문제에 대한 다음 해법 사례는 Stender(2016)에 의한 것이며 학습자 대부분이 제시한 과정과는 다르다. 이 책에 제시한 다른 해법처럼, 이 사례 역시 여러분이 학생들과 활동하는 데 필요한 배경을 제공한다. 모둠별 해법도 나중에 제시된다.

실제 모델을 세우기 위해 다음의 가정은 매우 유용하며 이어지는 모델링 과정에서 사용된다.

- 버스의 가속 및 감속
- 버스에 승차하는 시간과 하차하는 데 걸리는 시간
- 노선의 길이
- 버스 정류장까지 걸어가는 데 걸리는 시간
- 버스 정류장 주변의 크기
- 버스 속도

처음에 버스 노선은 길이가 결정되지 않은 직선으로 간주된다(**그림 6.1** 참조). 버스 정류장 주변은 너비 $2r$로 양쪽으로 똑같이 확장된다. 버스 정류장은 일정한 거리 x만큼 떨어져 있다. 이동 시간은 버스 노선 s에서 버스를 타는 한 사람을 위해 고려된다. 따라서 여정은 가변 지점에서 시작하며, 일반 승객을 대표한다. 버스는 V_B의 속도로 운행되며, 승객은 V_F의 속도로 버스 정류장까지 걷는다. 길은 처음에는 V_B 직선과 수선으로 되어있고, 이후에는 버스 노선을 따른다.

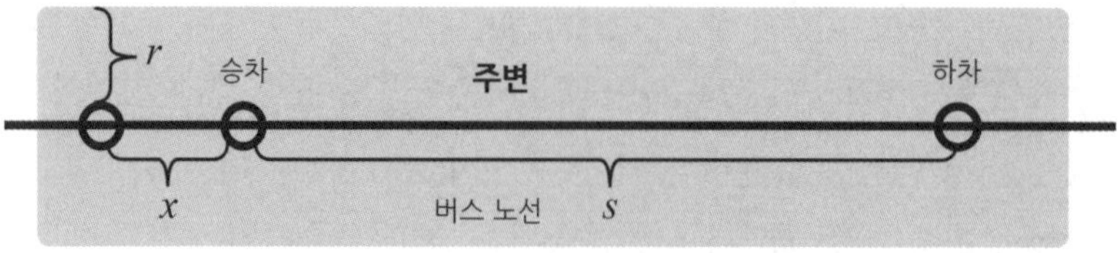

그림 6.1 버스 노선의 주변(Stender, 2016)

수학적 모델을 세울 때의 기본 아이디어는, x에 좌우되는 버스 정류장까지 걸어서 오가는 거리를 추가한 승객의 이동 시간이 최소가 된다면, 버스 정류장 사이의 거리가 최적이라는 것이다. 본질적으로 승객이 소비하는 시간에는 다음의 세 가지 요소가 고려되어야 한다.

1. 버스 정류장까지 걸어서 오가는 거리
2. 일정 속도 V_B로 노선 s를 운행하는 버스의 이동 시간
3. 승객이 버스를 타고 내릴 때 필요한 추가적인 시간과 버스가 정지하기 전 속도를 줄여야 한다는 사실

다음 계산을 통해 위의 세 가지 요소를 해결할 수 있다. 우선 승객이 버스 정류장까지 가는 최대 거리는 r이다. 주변에서 시작점이 균등하게 분포되었다고 가정하면 [N/S 방향으로] 선까지 도달하는 평균 도보 거리는 $\frac{r}{2}$이다. 승객으로부터 가장 가까운 정류장까지의 최대 [E/W] 거리가 $\frac{x}{2}$이면 E/W 방향의 평균 도보 거리는 $\frac{x}{4}$이다. 따라서 버스 정류장까지의 평균 도보 거리는 다음과 같다.

$$w_1 = \frac{r}{2} + \frac{x}{4} = \frac{2r+x}{4}$$

버스에서 내린 후 승객이 최종 목적지에 도착해야 한다는 것을 고려하면, 전체 도보 거리는 두 배라고 어림할 수 있다. $w = \frac{2r+x}{2}$

이를 위해 승객이 필요한 시간은 $T_F = \frac{w}{V_F} = \frac{2r+x}{2V_F}$ 이다.

버스의 이동 시간은 $T_B = \frac{s}{V_B}$ 이다.

운행 및 감속 시간을 포함하여 모든 버스 정류장마다 정지하는 데 걸리는 추가 시간으로 $T_H = 30$초를 어림한다.

버스 정류장에서 필요한 총 시간은 $T_W = \frac{s}{x} \cdot T_H$ 이다.

시간 T_H의 한 요소인, 가속 및 감속을 위한 추가 시간(T_B)을 더 포함시킬 수 있다. 가속할 때는 $s(\mathrm{t}) = \frac{1}{2}a\mathrm{t}^2$, $v(\mathrm{t}) = a\mathrm{t}$ 이다.

따라서 가속 시간은 $\mathrm{t}_1 = \frac{V_B}{a}$ 이고 이 시간 동안 이동 거리는

$$s_1 = \frac{1}{2}a\mathrm{t}_1{}^2 = \frac{1}{2}a\left(\frac{V_B}{a}\right)^2 = \frac{1}{2}\frac{V_B{}^2}{a}$$

이다. 가속과 감속이 동일하다고 가정하면 감속 및 가속 중 총 이동 거리는 $s_2 = 2s_1 = \frac{V_B{}^2}{a}$ 이다. 이 구간을 버스가 정차한다면 시간 $\mathrm{t}_2 = 2\mathrm{t}_1 = \frac{2V_B}{a}$ 이 걸리는 반면, 정차하지 않는다면 시간 $\mathrm{t}_3 = \frac{s_2}{V_B} = \frac{V_B{}^2}{V_B \cdot a} = \frac{V_B}{a}$ 가 걸린다. 가속 및 감속을 위한 추가 시간은 $T_B = \mathrm{t}_2 - \mathrm{t}_3 = \frac{2V_B}{a} - \frac{V_B}{a} = \frac{V_B}{a}$ 이다. 사람들이 버스에 타고 내리는데 걸리는 시간은 여전히 어림해야 하지만 30초 정도의 시간이 현실적인 것으로 보인다. 그러므로 승객의 총 이동 시간은

$$T(x) = \frac{2r + x}{2V_F} + \frac{s}{V_B} + \frac{s}{x} \cdot T_H$$

이다. 예를 들어 만약 $s = 12$km (7.4miles), $V_F = 5$km/h (3.1miles/h), $T_H = 30$초라면, 여러분은 버스 정류장 사이의 최적 거리로 1000m(0.6miles)를 얻는다.[23)]

---

23) 역자 주: 정류장 사이의 최적거리를 구하기 위해 식 $T(x)$에서 최적거리 x와 무관한 r, V_B 외에 주어진 조건 s, V_F, T_H를 이용하면

$$\frac{x}{2V_F} + \frac{s}{x} \cdot T_H = \frac{x}{2 \times 5} + \frac{12}{x} \times \frac{30}{3600} = \frac{x}{10} + \frac{1}{10x} = \frac{1}{10}\left(x + \frac{1}{x}\right)$$

이고, 이를 최소화하는 $x = 1$(km)를 얻는다.

6.1.3 학생들의 해법

그림 6.2의 해법은 독일의 중간 학력 트랙(실업계 학교) 중 10학년 학생 모둠의 결과이다. 처음에 언급했듯이, 목표는 발표를 위한 포스터를 만들고, 포스터를 전시하는 것이었다. 3일 동안 이 모둠을 지도한 대학생(연수받는 수학 교사)은 소감문에서 '도전이었지만 매우 많이 배웠다.'라고 반성하였다. 비록 이것이 독일어로 쓰여 있지만, 여러분은 여기에서 학생들의 모델링 방법에 대한 아이디어를 얻을 수 있다.

학생들은 "버스 모델링 문제" 뿐만 아니라, 예를 들어 "LTE 송신기 모델링 문제"(**그림 6.3**)를 해결할 때에도 모델링 사이클의 여러 단계에 따라 진행할 수 있었다.

'모델링의 날'의 둘째 날에 모델링 사이클을 도입하는 것은 학생들의 해결 과정에 큰 영향을 미친다. 학생들은 절차를 구조화하고 메타인지 수준에서 활동할 수 있다. 학생들은 "실제 모델" 또는 "수학적 모델"이라는 용어를 배우고, 실제로 실제 모델과 수학적 모델을 세울 수 있다는 것이 중요하다. 이렇게 하면 학생들은 수학적 모델링의 의미와 수학적 모델링의 과정이 선형이 아니라, 모델에 표시된 것처럼 주어진 질문에 대한 실제적인 결과를 얻기 위해 일부 단계는 여러 번 반복하여 거쳐야 한다는 것을 이해하게

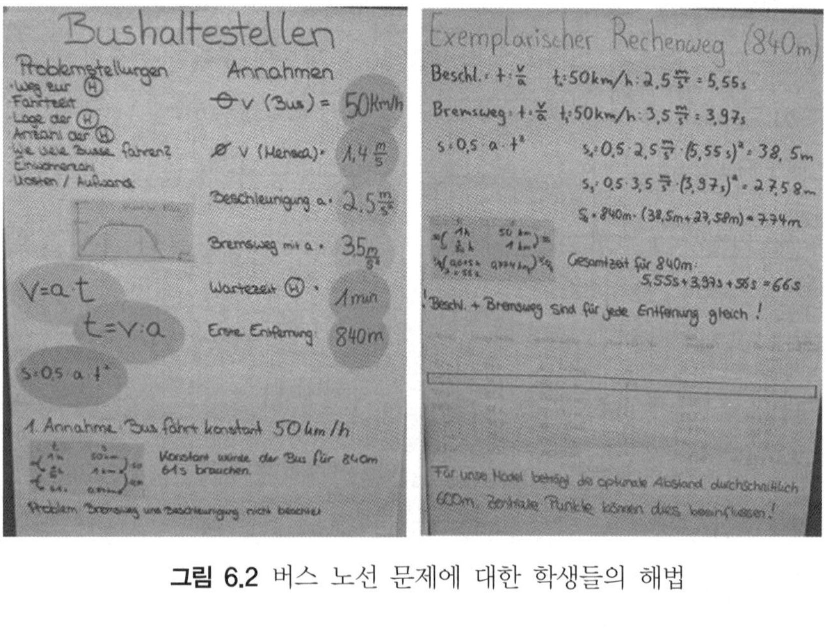

그림 6.2 버스 노선 문제에 대한 학생들의 해법

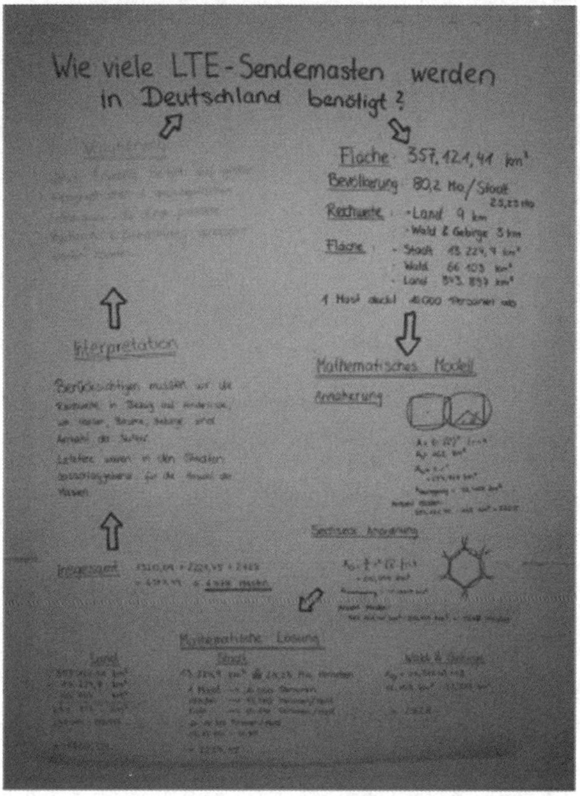

그림 6.3 학생들의 모델링 사이클

된다. 내 경험과 현행 연구(Borromeo Ferri, 출판 중)는 모델링 사이클이 유용하며 학생들이 이해하기에 아주 어려운 것은 아니라는 것을 보여준다.

6.2 대학과 학교의 연계

앞 절에서 모델링의 날이 일상적인 수업에서의 "모델링 수업"과 다른 이유는 모둠 내에서 복잡한 실생활 문제를 해결하는 데 더 많은 시간이 주어지고 그래서 학생들에 대한 지원이 더 집중적이기 때문이라는 것을 보였다. 대학(수학 교사 교육)과 학교를 연계한다면, 이러한 모델링의 날을 실현하는 것이 그렇게 복잡한 것은 아니다. 교사, 특히 교장이 자신의 학교에서 특정 연령층의 학생 집단과 함께 2, 3일 동안 수학적 모델링 활동을 지원하고자 할 때, 이러한 도전을 위해 교사와 협력하여 여러분의 대학생들을 준비시키면 된다. 내가 적용한 모델링 코스는 1.2절에서 설명하였다. 이 코스의 일부는 또한 이론과 실제의 균형을 이룬다는 목적에 필요한 기초를 다진다. 1.2절에서 보여준 코스와 내가 "모델링의 날"이라 명명한 코스의 차이점은 연수받는 교사가 학교에서 스스로 모델링 문제를 개발하고 가르칠 필요가 없다는 것이다. "모델링의 날"에 사용하려고 계획한 세 개의 모델링 문제를 해결한다. 다른 모든 이론적 배경은 코스 내에서 강조되며 특히 교사의 개입에 중점을 둔다. 따라서 1부와 2부 두 부분으로 구성되는데, 1부는 이론(대학에서)이며, 2부는 실제(학교에서의 "모델링의 날")이다.

6.2.1 학생들의 모델링 활동 후 예비 교사의 반성

"모델링의 날" 코스에 참여하는 예비 교사(대학생)의 목표는 모델링하는 동안 학생의 과정과 문제에 초점을 맞춰 학습자를 관찰하는 것이다. 그러나 관찰한다는 것은, 초점을 맞추기 위해 기준이 있어야 함을 의미하며, 관찰 결과를 기록해야 한다. 이 코스를 진행하는 강사 또는 교수로서, 여러분은 대학생들에게 마지막에 어떻게 점수를 매길 것인가를 질문할 수 있다. 2부 이후에 예비 교사들은 강사인 내가 결정한 기준에 따라 소감문을 작성하여 제출해야 한다(15~20쪽 분량). 일부 기준은 반성 초기에 포함되어야 하는 측면을 나타낸다. 모델링의 이론적 배경, 모델링 사이클, 교사 개입의 배경, 자신이 함께 활동한 학생 모둠에 대한 설명 및 선택한 복잡한 모델링 문제에 대한 교과 내용 분석 등이다. 모델링 과정 동안 교사의 개입에 초점을 두었기 때문에, 예비 교사는 4.3절에서 설명한 여러 시나리오와 비디오 클립을 이용하여 다양한 개입의 유형을 배웠다. 연구자로서의 나의 관심은 학생들과 복잡한 모델링 활동을 하는 동안 예비 교사의 역량에 대해 더 많은 통찰을 얻는 것이었다. 따라서 질적 조사 연구(Borromeo Ferri, 출판중)의 목적은 예비 교사의 반성 수준과 반성적 역량을 특히 모델링의 이론적 측면과 실제적 측면에서 분석하는 것이었다. 자신의 교수를 반성하는 방법을 배우는 것은 교사 전문성 개발의 핵심 부분이다.

교사 교육에서의 반성의 역할은 여러 분야에서 연구되었다. 왜냐하면, 반성은 학교와 대학에서 비판적 추론을 위한 기록 도구로서 주로 실제적인 경험과 함께 사용되기 때문이다. 교사의 반성적 역량에 대한 실증적 연구는 거의 없다(Abels, 2010). Abels는 다음 세 가지 측면에 관해 더 많은 연구가 필요함을 강조하였다.

1. 반성적 역량의 정의
2. 교사 교육에서 실제적인 시행
3. 반성적 역량이라는 개념의 효과를 조사하기 위한 연구 방법

Hatton & Smith(1995)는 예비 교사의 반성적 역량에 대해 더 많은 통찰을 얻으려고 시도했고, 네 가지 쓰기 유형을 찾아냈는데, 그중 세 가지가 반성의 유형이었다.

1. 기술적 글쓰기(Descriptive writing)
2. 기술적 반성(Descriptive reflection)
3. 문답식 반성(Dialogic reflection)
4. 비판적 반성(Critical reflection)

유형 1은 전혀 반성적인 것이 아니지만, 유형 2는 개인적 판단이나 학생들의 문헌 읽기에 근거하여 이유를 제공하려고 시도한다. 유형 3은 혼잣말하기의 한 형태이며, 가능한 이유를 탐구한다. 유형 4는 보다 폭넓은 맥락을 고려하여 의사 결정 및 사건에 대한 이유를 제공하는 것을 포함한다(Hatton & Smith, 1995, pp.40~45). 실증적 연구를 위해 나는 Hatton과 Smith의 모델을 사용하였다. 이 모델은 수학적 모델링 맥락에서 자료에 대한 반성의 새로운 모델을 개발하기 위한 방향을 제시하였다. 새로운 모델은 예비 교사의 반성적 역량에 대한 더 많은 정보를 얻기 위해, 모델링 코스의 이론과 실제의 균형에 대한 분석을 용이하게 해야 한다. 이 질적 연구의 핵심 연구 문제는 다음과 같다.

- 수학적 모델링에서 예비 교사와 현직 교사 교육을 위한 반성의 새로운 모델을 개발하기 위해 반성의 수준을 어떻게 설명하고 개념화할 수 있는가?
- 예비 교사가 수학적 모델링에 대한 이론적 지식을 모델링 활동 중인 고등학생을 가르치는 실제적 경험과 연결할 때, 소감문에서 볼 수 있는 반성의 수준은 어떠한가?

자료 수집을 위해 세미나의 모든 참가자가 자신의 반성이 이 조사 연구에 사용될 수 있다는 데 동의하였다. 대학의 마지막 학기(4학년)인 34명이 참가한 코스에서 자료를 수집하였다. 자료 분석과 모델 개발을 위해, 2부에서 동일한 문제를 가르친 예비 교사들이 작성한 12개의 소감문을 표본으로 사용하였다. 배경 방법론은 근거이론(Strauss & Corbin, 1990)으로, 이 이론은 새로운 현상을 탐구할 가능성을 제시하며 이론의 새로운 부분들을 만들어낼 수 있도록 하기 때문이다. 자료 분석 시, 첫 번째 단계는 학생들이 반성을 기록할 때 주어진 기준을 따르고 있는지를 조사하는 것이다.

1. 모델링(수학적 모델링에 대한 이론 및 실천 참조)
2. 교사 개입(학습자의 모델링 활동 중 교사의 행동)
3. 외부 환경(교실 또는 학교의 조직적 문제에 관한 모든 정보)
4. 목적과 동기 부여(교사 자신의 동기 및 모델링 중 학습자의 동기 부여에 대한 예)
5. 개인 발달과 지각(학습자와 교사 자신의 지각에 대한 모든 예)
6. 학습자의 활동에 대한 평가 및 최종 결과(모델링 문제의 최종 결과에 대한 모든 예)
7. 전체 활동 과정(1부에서의 모델링 문제와 관련한 교사 자신의 활동 과정 및 학습자의 활동 과정에 대한 모든 예)

독립적인 평가자 두 명의 분석 결과, 교사가 동일한 모델링 문제를 가르쳤을지라도, 반성에는 다양한 차이가 있었다. 코딩 절차에 근거하면, 기준 1, 2, 7이 가장 많이 언급된 것이 분명해졌다. 다른 연구(예: Hatton & Smith, 1995; Abels, 2010)에서 반성 모델을 개발하는 데 사용된 목적 및 절차와 달리, 이 연구의 자료 차이 때문에 최종 자료 분석 및 개념의 조작적 정의를 위해서 수정된 모델이 개발되었다. 교사의 반성은 기준에 기초하여 분석되었고 반성 수준에 따라 분류되었다. 각각의 모든 구절은 수준에 따라 해석되었다. 범주가 단지 기술적이거나 반성 내에서 언급되지 않은 경우, 수준 0으로 분류되었다. 또한 '모델링의 날' 동안 자신의 실제 경험에 연결하지 않고 이론에 대한 언급만 있는 경우는 수준 3이 아니라 수준 0으로 분류하였다. 수준을 보다 구체화하기 위해 수정된 모델에 대한 모든 수준의 원형 사례가 제공된다(**표 6.2**).

분석을 바탕으로 다음과 같은 정의가 가능하다.

- 반성: 자신이 스스로 경험한 교육 상황에서 자신의 행동에 대한 비판적 토론. 이 상황으로부터의 학습과 대안 개발의 목적을 지님.
- 반성 수준: 이것은 다양한 반성 단계에 따라 자신의 행동에 대한 비판적인 토론을

표 6.2 수학적 모델링에서 교사 교육과 연수를 위한 반성 모델(원형적 사례 포함)

수준	명칭 및 설명	교사의 활동에 대한 원형적 사례
0	기술적 글쓰기 (정당화 없이 상황에 대한 묘사)	"내가 학습자들과 함께 토론한 후에, 그들은 그 문제를 좀 더 풀었다."
1	정당화된 반성 (자신의 행동에 대한 정당화)	"학습자들이 모든 수치와 가정을 다시 혼동했기 때문에, 나는 그들의 이전 방식을 반성해볼 것을 결정하였다."
2	비판적 반성 (자신의 행동 합법화, 자기 행동의 대안에 대한 설명과 자기 비판)	"3일 동안 나의 개입이 짧았다는 것을 인식하였다. 대부분 나의 개입 방식은 한 문장이나 질문 하나로 되어있었다."
3	이론 기반 반성 (이론적 개념과 특정 문헌 포함)	"나는 우리 모둠에게 다른 모둠이 9,000에서 25,000 사이의 결과를 얻었다고 말해주었고, 이는 학습자에게 해법에 대한 구체적인 아이디어를 제공했기 때문에 분명히 내용 관련 개입이었다(Zech, 1998 참조)."
4	전망적 반성 (다양한 입장을 취하고, 더 넓은 맥락을 고려함)	"나는 로라와 제니가 모델링 과정에서 막혔다고 생각했다. 그래서 나는 내 생각에 적절하다고 생각한 내용 전략 개입을 하였다. 나와 내 반응, 그리고 학습자의 모델링 과정에 미치는 영향에 대해 많은 것을 배웠다. 나 자신을 반성하고 그것을 글로 쓰는 기회는 쉽지 않았지만, 나의 이후 활동에 도움이 되었다."

의식하는 깊이를 설명함.

- 반성적 역량: (예비) 교사가 자신이 경험한 교육 상황에서 자신의 행동에 대해 생각하고 비판적으로 분석할 수 있으며, 이러한 상황으로부터 의식적으로 학습할 수 있는 능력.

모든 소감문은 대학 4학년 예비 교사의 반성에 대한 분명한 증거가 되었다. 코딩된 반성의 평균은 수준 0과 수준 1에 강한 경향을 보였으며, 33.6%는 기술적인 글쓰기로, 39.5%는 정당화된 반성으로 코딩되었다. 코딩된 반성 중 15%는 비판적 반성이었고, 6.2%는 이론 기반 반성이었으며, 5.4%는 전망적 반성이었다. 자료 분석에 기초하여 수학적 모델링의 교수 · 학습에 대한 높은 수준, 중간 수준, 낮은 수준의 반성이 있고, 대부분 낮은 수준의 반성임을 확인할 수 있었다. 낮은 수준의 반성은 대체로 수준 0 또는 1로 분류된 반성이다. 이러한 반성은 대부분 여러 상황에 대한 묘사였다. 이 예비 교사 대부분은 왜 특정 상황이 발생하였는지 이유를 나타내지 않았으며, 대안적 행동을 표현하거나 이론적 측면을 포함하지 못했다. 높은 수준의 반성에는 낮은 수준 반성에서 빠진 모든 점이 포함될 뿐만 아니라, 더 넓은 맥락에서 다양한 관점들을 고려한다. 어떤 반성의 전반적인 수준은 특정 수준에 속하는 구절의 빈도를 나타낸다. 높은 수준의 반성은 구절 대부분이 수준 3과 4에 속하며, 소감문의 분량과 무관하여 15쪽에서 37쪽 정도에 분포하였다. 모델링을 가르치는 동안 자신의 행동을 인식할 수 있는 능력을 보여주었지만 지속적으로 이론과 실제를 연결하지는 못한 예비 교사의 반성은 중간 수준의 반성(수준 2)으로 분류되었다. 요구된 기준과 관련한 반성의 수준은 교사가 소감문 속에서 수학적 모델링에 관한 이론을 자신의 실제적 경험과 어떻게 연결지을 수 있는지 보여준다. 이 연결은 높은 수준의 반성에서 특히 잘 나타난다. 여기서 하나의 핵심 질문이 생긴다. 수학적 모델링의 이론적 측면으로부터 실제적 활동으로의 전환은 정확히 어떻게 발생하는가? 이에 대한 후속 질문은 물론 다음과 같다. 얼마나 지속 가능한가? 후자는 지금 답할 수 없다. 그러나 소감문을 보면, 이 전환은 예비 교사들에게 분명히 도전일 뿐만 아니라, 수학적 모델링을 가르칠 때 필요이자 성공이다.

결과적으로, 예비 교사의 반성적 역량은 높지 않으며 이 역량이 수학적 모델링의 교수 · 학습 코스의 일부로 통합되어 신장되어야 한다는 것을 보여주었다. 일반적으로 교사의 전문성 향상을 위해, 특히 수학적 모델링의 관점에서, 이렇듯 반성을 글로 쓰게 하는 기회는 생산적인 것 같다. 자신의 행동을 비판적으로 반성하거나 수학적 모델링의 이론과 실제를 연결하고 전환하는 것은 교사에게 도전일 뿐만 아니라 학습 과정이었다. 이 연구에서 대부분의 예비 교사는 일반 교육 코스에서 모델링을 배우지 않았기 때문에, 처음으로 이런 성격의 반성을 써보았다. 그래서 그들은 몇몇 수준의 학습 경험에 관여하였다. 이때의 반성 수준이 두 번째 반성에서 향상되는지를 관찰하는 것 또한 흥미로울 것이다.

"모델링의 날" 뿐만 아니라 이 조사 연구는 어떻게 대학(교사 교육)과 학교 양쪽 모두에게 이익이 될 수 있는 연계를 구현할 수 있는지를 보여준다.

7장

반성과 전망

자연은 수학의 언어로 쓰여 있다.

– Galileo Galilei

여기까지 책을 읽었는가? 수업을 마칠 때 교사들은 종종 학생들로부터 피드백을 받고 싶어하며, 특히 그 한 가지가 학습 산출물이다. 이제 이 책의 마지막 장에서 이전 장을 반성하는 것으로 같은 활동을 해보자. 여러분은 학교 수학 및 교사 교육을 위한 수학적 모델링의 교수·학습에 대해 무엇을 배웠는가? "수학적 모델링의 교수·학습에 대한 전체적인 그림"을 이해하기 위한 여러분의 학습 과정에 무엇이 도움이 되었는가? 무엇이 부족하였나? 이 책의 후속 판본에서는 무엇이 더 강조되어야 할까?

이 책의 목적이 연구자, 모든 학교급의 교사, 교육자, 관심 있는 독자 등에게 수학적 모델링이 이론과 구체적인 사례, 학생 활동과 교수 개념에 기초하여 가르칠 수 있고 배울 수 있는 것임을 보이는 것이었음을 상기해보자. 서문에서 이 책의 주요 목적을 형식화했고, 그 첫째로 언급한 것이 여러분에게 수학적 모델링에 대한 이론적 배경을 제공하는 것이었다. 우선 교사 연수와 교사 교육을 위해 수학적 모델링 지도를 위한 핵심 역량을 포함하여 잘 평가된 교수 모듈을 보였다. 여러분은 이 코스에 모델링 문제, 연습, 학생 활동을 추가하여 사용할 수 있고, 교사 교육이나 교사 연수를 위한 자신의 필요에 코스를 맞출 수도 있다. 2장의 이론적 측면에 대한 통찰이 있다면 제시된 교수 모듈과 모델링 지도를 위한 핵심 역량의 모델(Borromeo Ferri & Blum, 2009b; Borromeo Ferri, 2014)을 더 잘 이해할 것으로 확신한다. 수학적 모델링이 무엇인지 이해하는 것이 학교에서 여러분의 실제에 중요하다. 그래서 수학적 모델링이 수학적 문제해결과 동일하지 않다는 것을 명확히 하기 위해 수학적 모델링의 특징을 그토록 자세하게 보인 것이다. 수학적 모델링 활동은 실생활 문제없이는 불가능하다는 것을 잊지 말자. 모델링할 때 실제에서 수학으로, 또 그 역으로 변환한다. 그래서 수학적 모델링은 수학 내적으로도 가능한 수학적 문제해결과는 다른 규칙을 따른다.

수학교육 분야에서만도 모델링 사이클에 대한 모델이 그렇게 많다는 것을 상상해보았는가? 모델링 사이클이 다면적 학습 도구이며 다른 하위 역량 외에 학생들의 메타인지적 모델링 역량을 독려한다는 것을 인식하기에 앞서, 수학 지도를 위해 모델링 사이클을 이용하는 것에 대해 생각해보았는가? 그래서 모델링 사이클은 모델링 과정이 어떻게 작동하는지를 설명하기 위한 이상적인 방법일 뿐만 아니라 모델링 활동 동안 학생들을 위한 "작동 도구"이다. 실증 연구에서 확인되듯이, 학생의 모델링 과정은 물론 모델링 사이클이 보여주는 것처럼 선형적이지는 않다. 따라서 개인의 모델링 경로는 학생들이 그 사이클의 여러 단계를 어떻게 따르는지를 보여준다. 이 경로는 또한 수학적 사고 양식에 대응한다. 자신이 선호하는 수학적 사고 양식을 생각해보아라. 교사로서 여러분은 교실에 있는 학생들과 모델링할 때 아마 무의식적으로 실제와 수학이라는 양 측면을 균형 있게 다루기보다 실제 또는 수학의 어느 한쪽을 매우 강조할 것이다. 이론적 차원을 되돌아보면 교사의 실제적인 지도를 위한 기초로 이론적 지식이 필수임은 분명하다.

수학에 관여하지 않는 사람에게 모델링 문제가 무엇인지 어떻게 설명하겠는가? 아마도 수학적 모델링의 정의로 시작하면 도움이 되겠지만, 모델링 문제를 "일반 수학 과제"와 어떻게 구별할 수 있을까? "바다의 맑은 날"과 "함부르크 항" 문제를 다룰 때, 차이는 명확해졌다. 첫 문제에서는 모든 정보가 주어졌지만, 둘째 문제에서는 수학화를 시작하기 전에 가정과 어림을 해야 하고, 마지막에는 결과를 해석하고 타당화한다. 처음에는 학생뿐만 아니라 아마 교사도 어려움을 겪을 것이다. 왜냐하면, 수학 이외의 지식이 요구되고 문제해결을 위해 필요한 정보를 탐색해야 하기 때문이다. 물론 이것은 처음 시작하는 학생들에게 도전이 되지만, 시간이 지남에 따라 학생들은 모델링 문제를 풀기 위한 전략을 취한다. 여러분은 이 책에서 연습문제로 자신의 모델링 문제를 만들 때 성공했을 것이므로 모델링 문제 기준이 체크리스트로 도움이 되었다는 것을 알 것이다. 더욱이 주어진 데이터를 축소하거나 모든 데이터와 특정 연습문제를 삭제함으로써, 상황을 더 진짜처럼 만들기 위해 필요하다면 실제 상황을 수정함으로써, 열린 질문을 제공함으로써, 학생들이 사용할 수 있는 도구(인터넷, 책, 소프트웨어, 특별한 자료 등)를 제한함으로써 교과서의 수학 과제를 모델링 문제로 어떻게 바꿀 수 있는지 배웠다. 모델링 지도 시 유연성을 위해 여러분의 과제 역량이 요구되며, 모델링 문제의 "힘"에 대해 알게 될 때 여러분은 학생들의 모델링 역량을 한층 더 촉진할 수 있다. 개인의 모델링 과정에 영향을 미칠 수 있는 많은 요인이 있지만, 모델링 문제의 실제 맥락이 여러 가지 반응을 야기할 수 있고 풀이 과정을 방해할 수도 있다는 사실을 이미 보았다. 모델링 문제를 선택할 때, 맥락과 그것이 교실에 얼마나 적합한지 몇 분간 생각할 것을 잊지 말아야 한다.

효과적인 양질의 수업을 위해 일반적으로 교수 역량이 요구되지만, 수학적 모델링 지도를 위한 역량을 구체화할 수 있다. 4장에서 나는 좋은 수업을 위한 정성적 기준과 수학적 모델링 수업을 계획하고 실행하는 방법을 제시하였다. 모델링 과정은 시간을 엄

격하게 통제할 수는 없다. 학생들은 해결 시 그룹으로 활동하고 따라서 토론하고 데이터를 찾고 최종적으로 해결에 관한 합의에 도달해야 하기 때문이다. 4장의 수업 사례 계획은 모델링 활동을 구조화하기 위한 아이디어를 제공하였다. 학생들이 모델링 문제로 얼마나 오래 활동하는지와 무관하게 몇몇 해법을 토론하고 학생들과 함께 타당화하는 것을 잊어서는 안 된다. 나는 다른 맥락에서 이미 "균형"이라는 용어를 사용하였다. 학생들의 모델링 활동 동안 여러분의 도움이나 개입을 균형 맞추는 것이 여러분이 할 수 있는 최선의 것이다. 종종 학생들로 하여금 스스로 활동하게 하는 것은 쉽지 않고, 학생들의 아이디어가 옳은지 아닌지를 교사가 직접 말해주지 않는 것은 학생들에게 학습 과정의 일부이다. 어떤 개입이 학생들에게 적절하고 유익할지 결정하는 것이 교사에게도 학습 과정이며, 그래서 개입의 유형에 대해 다루었다. 한편으로 이 책의 여러 시나리오를 통해 여러분은 대화 내에서 교사의 여러 가지 개입을 분류해 보았고, 다른 한편으로는 학생들에게 적용 가능한 개입을 생각해보았다. 대체로 개입의 개념은 수학적 모델링의 성공적인 교수·학습에 중요하다. 내가 워크숍에서 종종 받은 질문이 학생들은 모델링 문제에 어떻게 익숙해질 수 있는가이다. 왜냐하면, 열린 문제는 보통 쉽지 않고 그래서 모델링 문제는 매우 도전적이기 때문이다. 학생들을 모델링 문제에 점차 익숙하게 하는 한 가지 방법은 먼저 정보 과다 문제로 시작하여 다음 단계에서 정보 부족 문제로 넘어가는 것이다. 이렇게 하면서 학생들은 문제 문장을 읽을 때 맥락을 진지하게 받아들이는 것을 명시적으로 배운다. 특히 더 복잡한 모델링 문제는 테크놀로지의 사용을 허용한다. 테크놀로지는 수학적 모델링 맥락에서 의미 있는 역할을 하며 교사에 의해 독려되어야 한다. 테크놀로지를 사용하면서 많은 학생은 아마도 컴퓨터로 얻은 자신의 수학적 결과가 실제와 무관하며, 따라서 첫눈에 그 결과에 의존할 수 없다는 것을 깨닫기 시작한다. 테크놀로지가 언제 어떻게 실생활 문제해결에 도움이 되는지에 대한 중요한 아이디어가 논의되어야 한다.

여러분은 이 책을 읽은 후에 자신의 진단 역량에 대해 스스로 얼마나 잘 평가하게 되었는가? 모델링 맥락에서 진단하는 것을 배우는 것은 물론 하나의 과정이다. 분명해진 것은 진단을 위해 여러분에게는 내가 1, 2, 3, 4장에서 강조했던 거의 모든 측면이 필요하다는 것이다. 모델링 문제를 어떻게 평가할지 미국뿐만 아니라 독일과 다른 나라에서도 수차례 논의했다. 내 견해는 수업을 위한 모델링 문제와 시험 형식을 갖춘 모델링 문제를 구별하는 것이 중요하다는 것이다. 모델링 역량이 국가 또는 국제 평가의 일부라면 모델링 문제를 오랫동안 2주 간격으로 적어도 하나씩 제공함으로써 학생들을 잘 준비시키는 것이 의미 있다. 이러한 평가 결과는 학생들의 모델링 역량에 대해 단지 결과 중심의 진단을 제공할 뿐이다. 학생들이 모델링 활동을 하는 동안 얼마나 집중하고 목표지향적인지를 더 잘 파악하기 위해 여러분은 모둠 활동 시 진단지를 사용할 수 있다. 또한 모델링 사이클의 중심 단계에 따라 평가 스킴의 제안에 참여할 수도 있다. 그 스킴은 동일할 것이다. 그러나 여러분은 각 단계에서 모델링 문제에 따라 학생들이 완수해야 하는 기대치와 그래서 여러분이 몇 점을 줄 것인지에 대해 생각해야 한다. 이는 여러분, 학생, 동료, 부모, 교사에게 모든 것을 투명하게 해준다.

마지막으로 여러분이 훨씬 많은 것을 하기 바란다. 여러분의 학교나 다른 학교와 연계하여 모델링의 날이 가능하며, 성공할 것을 확신한다.

수학적 모델링의 지노법을 배우는 것은 하나의 과정이지만 이제 여러분은 그것을 시작할 탄탄대로에 서 있다. 또한 연구 차원에서 이 분야의 미지의 연구 문제가 경험적 증거를 기다리고 있다. 일상 수업에서 수학적 모델링을 가르치기 위한 아이디어에 대해 방법을 찾아야 한다.

부록

수학적 사고 양식 검사지

(2012 독일 카셀대학교 Rita Borromeo Ferri 개발)

앞의 5문항은 시각적/영상적 양식이고, 여섯째 문항은 중성적 문항이라 점수에 포함되지 않는다. 뒤의 5문항은 분석적/형식적 양식이다. 신념과 자아효능감 문항뿐만 아니라 문제를 포함하는 전체 설문지를 Borromeo Ferri(2015)에서 볼 수 있다.

선호하는 수학적 사고방식

질문 1]

모든 사람은 자신이 선호하는 방식으로 수학을 배우고 이해하는 것을 좋아한다. 어떤 사람은 그림 그리는 것을 좋아하고, 정신적으로 그림을 매우 필요로 한다. 반면 어떤 사람은 식과 변수를 좋아한다. 여러분은 어떤 수학적 사고방식을 더 선호하는가? (각 문항에 대해 하나의 칸에만 체크하시오.)

수학적 사고 양식 검사지

	매우 그렇다 (1)	그렇다 (2)	그렇지 않다 (3)	매우 그렇지 않다 (4)
나는 교사의 시각적 설명이나 칠판 위에 그린 그림을 선호한다.				
나는 수학 문제를 풀 때 대부분 시각적 이미지를 떠올리고 그림 그리는 것을 좋아한다.				
도형 그림이 해법일 수도 있으므로 나는 기하를 좋아한다.				
어떤 공식에 대해 적절하게 그려진 그림이라면 내가 그 공식을 이해하는 데 도움이 된다.				
시각적 이미지는 내가 수학을 이해하는 데 도움이 된다.				
나는 수학 이론을 이해하기 위해 많은 예를 다루는 것을 선호한다.				
변수와 공식은 수학을 이해하는 데 도움이 된다.				
나는 수학 문제를 풀기 위해 변수와 공식을 선호한다.				
나는 수학 문제를 풀어야 할 때 공식을 사용하는 것이 좋다.				
교사가 변수와 공식을 다루면서 설명하는 것이 내가 선호하는 수학적 사고방식과 잘 맞는다.				
나는 공식을 배우고 기억하는 것을 좋아한다.				

참고 문헌

Abels, S. (2010). *LehrerInnen als "Reflective Practitioner". Die Bedeutsamkeit von Reflexionskompetenz für einen demokratieförderlichen Naturwissenschafts-unterricht.* Hamburg: VS Verlag.

Aebli, H. (1983). *Zwölf Grundformen des Lernens: Eine allgemeine Didaktik auf psychologischer Grundlage* (Vol. 1). Stuttgart: Klett-Cotta.

Ball, D. L., Hill, H. C., & Bass, H. (2005). Knowing mathematics for teaching. *American Educator, 29*(3), 14-46.

Barbosa, J. C. (2006). Mathematical modelling in classroom: A critical and discursive perspective. *ZDM-The International Journal on Mathematics Education, 38*(3), 293-301.

Baumert, J., & Kunter, M. (2013). The COACTIV model of teachers' professional competence. In M. Kunter, J. Baumert, W. Blum, et al. (Eds.), *Cognitive activation in the mathematics classroom and professional competence of teachers - Results from the COACTIV project* (pp. 25-48). New York: Springer.

Berry, J., & Le Masurier, D. (1984). O.U. students do it by themselves. In J. S. Berry, D. N. Burghes, I. D. Huntley, D. J. James, & A. O. Moscardini (Eds.), *Teaching and applying mathematical modelling* (pp. 48-85). Chichester, UK: Ellis Horwood.

Besser, M., Blum, W., & Klimczak, M. (2013). Formative assessment in everyday teaching of mathematical modelling: Implementation of written and oral feedback to competency-oriented tasks. In G. Stillman, G. Kaiser, W. Blum, & J. Brown (Eds.), *Teaching mathematical modelling: Connecting to research and Practise* (pp. 469-478). New York: Springer.

Besser, M., Klimczak, M., Blum, W., Leiss, D., Klieme, E., & Rakoczy, K. (2011). *Lernprozessbegleitendes Feedback als Diagnose- und Förderinstrument: Eine Unterrichtsstudie zur Gestaltung von Rückmeldesituationen im kompetenzorientierten Mathematikunterricht. Beiträge zum Mathematikunterricht 2011* (pp. 103-106). Munster: WTM Verlag.

Blömeke, S., Busse, A., Kaiser, G., König, J., & Suhl, U. (2016). The relation between content-specific and general teacher knowledge and skills. Teaching and teacher education. *An International Journal of Research and Studies, 56*, 35-46.

Blomhøj, M. (2011). Modelling competency: Teaching, learning and assessing competencies-

Overview. In G. Kaiser, W. Blum, R. Borromeo Ferri, & G. Stillman (Eds.), *Trends in teaching and learning of mathematical modelling* (pp. 343–349). New York: Springer.

Blomhøj, M., & Hoff Kjeldsen, T. (2006). Teaching mathematical modelling through project work – Experiences from an in-service course for upper secondary teachers. ZDM – *The International Journal on Mathematics Education, 38*(2), 163–177.

Blomhøj, M., & Jensen, T. H. (2007). What's all the fuss about competencies? Experiences with using a competence perspective on mathematics education to develop the teaching of mathematical modelling. In W. Blum, P. L. Galbraith, H. W. Henn, & M. Niss (Eds.), *Modelling and applications in mathematics education. The 14th ICMI study* (pp. 45–56). New York: Springer.

Blomhøj, M., & Kjeldsen, T. (2007). Learning the integral concept through mathematical modelling. In D. Pitta-Pantazi, & G. Philippou (Eds.), CERME 5 – *Proceedings of the fourth congress of the European Society for Research in Mathematics Education,* pp. 2070–2079.

Blum, W. (1996). Anwendungsbezuge im Mathematikunterricht – Trends und Perspektiven. In G. Kadunz, H. Kautschitsch, G. Ossimitz, & E. Schneider (Eds.), *Trends und Perspektiven* (pp. 15–38). Wien: Hölder-Pichler-Tempsky.

Blum, W. (2011). Can modelling be taught and learnt? Some answers from empirical research. In G. Kaiser, W. Blum, R. Borromeo Ferri, & G. Stillman (Eds.), *Trends in teaching and learning of mathematical modelling* (pp. 15–30). New York: Springer.

Blum, W. (2015). Quality teaching of mathematical modelling: What do we know, what can we do? In S. J. Cho (Ed.), The proceedings of the 12th international congress on mathematical education – *Intellectual and attitudinal challenges* (pp. 73–96). New York: Springer.

Blum, W., & Kaiser, G. (1997). Vergleichende empirische Untersuchungen zu mathematischen Anwendungsfähigkeiten von englischen und deutschen Lernenden. - Unveröffentlichter Antrag auf Gewährung einer DFG Sachbeihilfe.

Blum, W., & Leiβ, D. (2006). "Filling up" - The problem of independence-preserving teacher interventions in lessons with demanding modelling tasks. In M. Bosch (Ed.), *CERME-4 – Proceedings of the fourth congress of the European Society for Research in Mathematics Education, Guixols*, pp. 1623–1633.

Blum, W., & Leiβ, D. (2007a). How do students and teachers deal with modelling problems? In C. Haines, W. Blum, P. Galbraith, & S. Khan (Eds.), *Mathematical modelling (ICTMA 12): Education, engineering and economics* (pp. 222–231). Chichester: Horwood.

Blum, W., & Leiβ, D. (2007b). Investigating quality mathematics teaching – The DISUM project. In C. Bergsten & B. Grevholm (Eds.), *Developing and researching quality in mathematics teaching and learning, proceedings of MADIF 5* (pp. 3–16). Linköping:

SMDF.
Blum, W., & Niss, M. (1991). Applied mathematical problem solving, modelling, applications, and links to other subjects. *Educational Studies in Mathematics, 22*, 37-68.
Blum, W., Druke-Noe, C., Hartung, R., & Köller, O. (Eds.). (2006). *Bildungsstandards Mathematik: konkret*. Berlin: Cornelsen-Scriptor.
Blum, W., Galbraith, P., Henn, H.-W., & Niss, M. (Eds.). (2007). *Modelling and applications in mathematics education*. New York: Springer.
Blum, W., & Borromeo Ferri, R. (2009). Modelling: Can it be taught and learnt? *Journal of Mathematical Modelling and Application*, 1(1), 45-58.
Blum, W., & Borromeo Ferri, R. (2016). Advancing the teaching of mathematical modeling: Research based concepts and examples. In NCTM Annual Perspectives in Mathematics Education, C. R. Hirsch, & A. McDuffie (Eds.), *Mathematical modeling and modeling mathematics* (pp. 65-76). Reston: NCTM.
Boaler, J. (1993). Encouraging the transfer of school mathematics to the real world through the integration of process and content, context and culture. *In Educational studies in mathematics* (Vol. 25, pp. 341-373).
Borromeo Ferri, R. (2014). Mathematical Modeling－The Teachers' Responsibility. In: Sanfratello, A. & Dickman,B. (Eds.) *Proceedings of Conference on Mathematical Modeling at Teachers College of Columbia University*, NYC, pp. 26-31.
Borromeo Ferri, R. (2006). Theoretical and empirical differentiations of phases in the modelling process. *ZDM－The International Journal on Mathematics Education, 38*(2), 86-95.
Borromeo Ferri, R. (2007). Modelling from a cognitive perspective: Individual modelling routes of pupils. In C. Haines, P. Galbraith, W. Blum, & S. Khan (Eds.), *Mathematical modelling. Education, engineering and economics* (pp. 260-270). Chichester: Horwood Publishing.
Borromeo Ferri, R. (2010). On the influence of mathematical thinking styles on learners' modelling behaviour. *Journal für Mathematikdidaktik, 31*(1), 99-118.
Borromeo Ferri, R. (2011). *Wege zur Innenwelt des mathematischen Modellierens.－Kognitive Analysen von Modellierungsprozessen im Mathematikunterricht*. Wiesbaden: Vieweg +Teubner.
Borromeo Ferri, R. (2014). Mathematical modeling－The teachers' responsibility. In A. Sanfratello & B. Dickman (Eds.), *Proceedings of conference on mathematical modeling at Teachers College of Columbia University* (pp. 26-31). New York.
Borromeo Ferri, R. (2015). Mathematical thinking styles in schools and across cultures. In S. J. Cho (Ed.), *Selected regular lectures from the 12th international congress on mathematical education* (pp. 153-174). Cham: Springer.

Borromeo Ferri, R., & Blum, W. (2009a). Mathematical modelling in teacher education – Experiences from a modelling seminar. In V. Durand-Guerrier, S. Soury-Lavergne, & F. Arzarello (Eds.), *European Society for Research in Mathematics Education – Proceedings of CERME 6*, pp. 2046–2055.

Borromeo Ferri, R., & Blum, W. (2009b). Insight into teachers' unconscious behaviour in modelling contexts. In R. Lesh, P. Galbraith, C. Haines, & A. Hurford (Eds.), *Modelling students' modelling competencies* (pp. 423–432). New York: Springer.

Borromeo Ferri, R., & Lesh, R. (2013). Should interpretation systems be considered as models if they only function implicitly? In G. Stillman et al. (Eds.), *Teaching mathematical modelling: Connecting to research and practice* (pp. 57–66). New York: Springer.

Borromeo Ferri, R., Meister, A., Kuhl, D., & Hulsmann, A. (2016). Inspired by Leonardo da Vinci – STEM learning for primary and secondary school with the cross-link approach. Paper presented at ICME 13 in Hamburg
https://www.conftool.pro/icme13/index.php?page=submissions

Borromeo Ferri, R., Grunewald, S., & Kaiser, G. (2013). Effekte kurzzeitiger Interventionen auf Modellierungsprozesse. In R. Borromeo Ferri, G. Greefrath, & G. Kaiser (Eds.), *Mathematisches Modellieren für Schule und Hochschule* (pp. 41-56). Wiesbaden: Springer Spektrum.

Borromeo Ferri, R., Kaiser, G., & Blum, W. (2011). Mit dem Taxi durch die Welt des mathematischen Modellierens. In T. Krohn, E. Malitte, G. Richter, K. Richter, S. Schöneburg, & R. Sommer (Eds.), *Mathematik für alle – Wege zum Öffnen von Mathematik. Mathematikdidaktische Ansatze* (pp. 35–48). Hildesheim: Franzbecker.

Brand, S. (2014). Erwerb von Modellierungskompetenz. Wiesbaden: Springer Spektrum.

Brousseau, G. (1997). *Theory of didactical situations in mathematics*. Dordrecht: Kluwer Academic Publishers.

Buendia, G., & Cordero, F. (2005). Prediction and the periodical aspect as generators of knowledge in a social practice framework. A socioepistemological study. *Educational Studies in Mathematics, 58*, 299–333.

Burkhardt, H. (2006). Modelling in mathematics classrooms: Reflections on past developments and the future. *ZDM – The International Journal on Mathematics Education, 38*(2), 178–195.

Burton, L. (1995). Moving towards a feminist epistemology of mathematics. *Educational Studies in Mathematics, 28*(2), 275–291.

Busse, A. (2005). Individual ways of dealing with the context of realistic tasks - First steps towards a typology. *Zentralblatt für Didaktik der Mathematik, 37*(5), 354–360.

Busse, A. (2011). Upper secondary students' handling of real-world contexts. In G. Kaiser, W. Blum, R. Borromeo Ferri, & G. Stillman (Eds.), *Trends in teaching and learning of mathematical modelling. ICTMA 14* (pp. 37-46). Dordrecht/Heidelberg/London/New York: Springer.

Busse, A., & Borromeo Ferri, R. (2003). Methodological reflections on a three-step-design combining observation, stimulated recall and interview. *Zentralblatt für Didaktik der Mathematik, 35*(6), 257-264.

Busse, A., & Kaiser, G. (2003). Context in application and modelling - An empirical approach. In Q. Ye, W. Blum, S. K. Houston, & Q. Jiang (Eds.), *Mathematical modelling in education and culture: ICTMA 10* (pp. 3-15). Chichester: Horwood.

Cai, J., Cirillo, M., Pelesko, J., Borromeo Ferri, R., Borba, M., Geiger, V., Stillman, G., English, L., Wake, G., Kaiser, G., & Kwon, O. (2014). Mathematical modelling in school education: Mathematical, cognitive, curricular, instructional, and teacher education perspectives. In P. Liljedahl, C. Nicol, S. Oesterle, & D. Allan (Eds.), *Proceedings of the joint meeting of PME 38 and PME-NA 36* (Vol.1) (pp. 145-172). Vancouver: PME.

Chevallard, Y. (1999). L'analyse des pratiques enseignantes en theorie anthropologique du didactique. *Recherches en Didactique des Mathematiques, 19*(2), 221-226.

Chevallard, Y. (2001). Aspectos problemáticos de la formación docente. Boletin del Seminario Interuniversitario de Investigación en Didáctica de las Matemáticas, n° 12.

Cirillo, M., Pelesko, J. A., Felton-Koestler, M. D., & Rubel, L. (2016). Perspectives on modeling in school mathematics. In NCTM Annual Perspectives in Mathematics Education, C. R. Hirsch, & A. McDuffie (Eds.), *Mathematical modeling and modeling mathematics* (pp. 3-16). Reston: NCTM.

Clarke, D., & Helme, S. (1996). Context as construction. In C. Keitel, U. Gellert, E. Jablonka, & M. Müller (Eds.), *Mathematics (education) and common sense (Proceedings of the 47th meeting of the International Commission for the Study and Improvement of Mathematics Teaching in Berlin)*. Berlin: CIEAM, p. 379-89

Cordero, F. (2008). El Uso de las Graficas en el Discurso del Calculo Escolar. Una visión Socioepistemológica. En Investigaciones sobre enseñanza y aprendizaje de las matemáticas: Un reporte Iberoamericano. In R. Cantoral, O. Covián, R. M. Farfán, J. Lezama, A. y Romo (Eds.),. Mexíco: Comité Latinoamericano de Matematica Educativa, AC y Ediciones Diaz de Santos, S. A., pp. 285-309.

Dorier, J.-L. (2005). An introduction to mathematical modelling - An experiment with students in economics. *In Proceedings of the 4 Congress of the European Society for Research in Mathematics Education. FUNDEMI IQS, S.* (pp. 1634-1644).

Galbraith, P. (2015). 'Noticing' in the practice of modelling as real world problem solving. In G. Kaiser & H.-W. Henn (Eds.), *Werner blum und seine beitrage zum modellieren im mathematikunterricht* (pp. 151-166). Wiesbaden: Springer Spektrum.

Galbraith, P., & Clatworthy, N. J. (1990). Beyond standard models - Meeting the challenge of modelling. *Educational Studies in Mathematics, 21*(2), 137-163.

Galbraith, P., & Stillman, G. (2006). A framework for identifying blockages during transitions in the modelling process. In G. Kaiser, B. Sriraman, & M. Blomhoij (Eds.), *Zentralblatt für Didaktik der Mathematik, 38*(2), 143-162.

Garcia Garcia, J., & Ruiz Higueras, L. (2005). Mathematical praxeologies of increasing complexity: Variation systems modelling in secondary education. In: Bosch, M. (Hrsg.): *Proceedings of the 4 Congress of the European Society for Research in Mathematics Education*. FUNDEMI IQS, S., pp. 1645-1654.

García, F. J., Gascón, J., Ruiz Higueras, L., & Bosch, M. (2006). Mathematical modelling as a tool for the connection of school mathematics. *ZDM- The International Journal on Mathematics Education, 38*(3), 226-246.

Garcia, F. J., Maaβ, K., & Wake, G. (2010). Theory meets practice - Working pragmatically within different cultures and traditions. In R. Lesh, P. Galbraith, C. Haines, & A. Hurford (Eds.), *Modelling students' modelling competencies* (pp. 445-457). New York: Springer.

Garfunkel, S., et al. (2016). Guidelines for assessment and instruction in mathematical modeling education (GAIMME). Boston/Philadelphia: Consortium for Mathematics and Its Applications (COMAP)/Society for Industrial and Applied Mathematics (SIAM).

Geiger, V. (2011). Factors affecting teachers' adoption of innovative practices with technology and mathematical modeling. In G. Kaiser, W. Blum, R. Borromeo Ferri, & G. Stillman (Eds.), Trends in teaching and learning of mathematical modelling (pp. 305-314). New York: Springer.

Geissler, K. A. (Ed.). (1985). *Lernen in Seminargruppen. Studienbrief 3 des Fernstudiums Erziehungswissenschaften. Pädagogisch-psychologische Grundlagen für das Lernen in Gruppen.* Tübingen: DIPF.

Göttlich, S., & Bracke, M. (2009). Eine Modellierungsaufgabe zum Thema "Munterer Partnertausch beim Marienkäfer". In M. Neubrand (Ed.), *Beiträge zum Mathematikunterricht* (pp. 93-96). Münster: WTM-Verlag Stein.

Greefrath, G. (2011). Using technologies: New possibilities of teaching and learning modelling - Overview. In G. Kaiser, W. Blum, R. Borromeo Ferri, & G. Stillman (Eds.), *Trends in teaching and learning of mathematical modelling* (pp. 301-304). New York: Springer.

Greefrath, G., & Weigand, H.-G. (2012). Simulieren - mit Modellen experimentieren. *mathematik lehren, 174*, 2-6. op verzoek van de gezamenlijke β-vernieuwingscommissies. Utrecht: Freudenthal Instituut voor Didactiek van Wiskunde en Natuurwetenschappen.

Greefrath, G., Siller, H.-S., & Weitendorf, J. (2011). Modelling considering the influence of technology. In G. Kaiser, W. Blum, R. Borromeo Ferri, & G. Stillman (Eds.), *Trends in teaching and learning of mathematical modelling* (pp. 315-329). New York: Springer.

Grunewald, S. (2013). The development of modelling competencies by year 9 students: Effects of a modelling project. In G. Stillman, G. Kaiser, W. Blum, & J. Brown (Eds.), *Teaching mathematical modeling: Connecting to research and practice* (pp. 185–194). Dordrecht: Springer.

Hadamard, J. (1945). *The psychology of invention in the mathematical field.* Toronto: Princeton University Press.

Hagena, M. (2015). Improving mathematical modelling by Fosterin measurement sense: An intervention study with pre-service mathematics teachers. In G. Stillman, W. Blum, & S. Biembengut (Eds.), *Mathematical modelling in education research and practice* (pp. 185–174). Dordrecht: Springer.

Haines, C. P., & Crouch, R. (2005). Getting to grips with real world contexts: Developing research in mathematical modelling. In: Bosch, M. (Hrsg.): *Proceedings of the 4 Congress of the European Society for Research in Mathematics Education.* FUNDEMI IQS, p. 1655–1666.

Haines, C., & Izard, J. (1995). Assessment in context for mathematical modelling. In C. Sloyer, W. Blum, & I. Huntley (Eds.), *Advances and perspectives in the teaching of mathematical modelling and applications* (pp. 131–150). Yorklyn: Waterstreet Mathematics.

Haines, C., Izard, J., & Le Masurier, D. (1993). Modelling intensions realised: Assessing the full range of developed skills. In T. Breiteig, I. Huntley, & G. Kaiser-Meβmer (Eds.), *Teaching and learning mathematics in context* (pp. 200–211). Chichester: Ellis Horwood.

Haines, C., Crouch, R., & Davies, J. (2001). Understanding students' modelling skills. In J. F. Matos, W. Blum, K. Houston, & S. P. Carreira (Eds.), *Modelling and mathematics education, ICTMA 9: Applications in science and technology* (pp. 366–380). Chichester: Horwood Publishing.

Hall, G. (1984). Assessment of modelling projects. In J. S. Berry, D. N. Burghes, I. D. Huntley, D. J. G. James, & A. O. Moscardini (Eds.), *Teaching and applying mathematical modelling* (pp. 143–148). Chichester, UK: Ellis Horwood.

Hall, J., & Lingefjard, T. (2016). Mathematical modeling: Applications with GeoGebra. New York: Wiley.

Hattie, J. A. C. (2009). V*isible learning. A synthesis of over 800 meta-analyses relating to achievement*. London/New York: Routledge.

Hattie, J., & Timperley, H. (2007). *The power of feedback. Review of Educational Research, 77*(1), 81–112.

Hatton, N., & Smith, D. (1995). Reflection in teacher education: Towards definition and implementation. *Teaching and Teacher Education, 11*(1), 33–49.

Henn, H.-W. (2007). Modelling in school – Chances and obstacles. *The Montana Mathematics Enthusiast, Monograph, 3*, 125–138.

Hirsch, C. R., & McDuffie, A. (Eds.). (2016). NCTM annual perspectives in mathematics education. *Mathematical Modeling and Modeling Mathematics*, NCTM, USA.

Houston, K. (2007). Assessing the "phases" of mathematical modelling. In W. Blum, P. L. Galbraith, H.-W. Henn, & M. Niss (Eds.), *Modelling and applications in mathematics education; the 14th ICMI study* (pp. 249-256). New York: Springer.

Hoyles, C., & Lagrange, J.-B. (Eds.). (2010). *Mathematics education and technology-Rethinking the Terrain. The 17th ICMI Study*. New York: Springer.

Ingenkamp, K., & Lissmann, U. (2008). *Lehrbuch der Padagogischen Diagnostik*. Weinheim: Beltz.

Ikeda, T., Stephens, M., & Matsuzaki, A. (2007). A teaching experiment in mathematical modelling. In C. Haines, P. Galbraith, W. Blum, & S. Khan (Eds.), *Mathematical modelling (ICTMA 12). Education, engineering and economics* (pp. 101-109). Chichester: Horwood Publishing.

Ikeda, T., & Stephens, M. (1998). The influence of problem format on students' approaches to mathematical modelling. In P. Galbraith, W. Blum, G. Booker, & I. Huntley (Eds.), *Mathematical modelling, teaching and assessment in a technology-rich world* (pp. 223-232). Chichester: Horwood Publishing.

Jordan, A., & vom Hofe, R. (2008). Diagnostizieren von Schulerleistungen - „Schlussel“ zur individuellen Förderung. Themenheft 150 mathematik lehren, *Basisartikel*, 4-12.

Johnson, D., & Johnson, R. (1999). *Learning together and alone: Cooperative, competitive and individualistic learning*. New York: Prentice Hall.

Kagan, S. (1990). *Cooperative learning resources for teachers*. San Juan Capistrano: Resources for Teacher Inc.

Kaiser-Messmer, G. (1989). Application-oriented mathematics teaching: A survey on theoretical conceptions and empirical research. In L. Bazzini & H.-G. Steiner (Eds.), *Proceedings of the first Italian-German bilateral symposium on didactics of mathematics* (pp. 145-162). Pavia/ Bielefeld.

Kaiser, G. (1995). Realitätsbezüge im Mathematikunterricht - Ein Überblick über die aktuelle und historische Diskussion. In G. Graumann (Ed.), *Materialien für einen realitatsbezogenen Mathematikunterricht* (pp. 66-84). Bad Salzdetfurth: Franzbecker.

Kaiser, G., Blomhøj, M., & Sriraman, B. (2006). Mathematical Modelling in School - Theoretical Reflections and Empirical Research. *ZDM - Zentralblatt für Didaktik der Mathematik. 38*(2), 82-85.

Kaiser, G., & Schwarz, B. (2010). Authentic modelling problems in mathematics education - Examples and experiences. *Journal für Mathematikdidaktik, 31*(1-2), 51.

Kaiser, G., & Sriraman, B. (2006). A global survey of international perspectives on modelling in mathematics education. *ZDM - The International Journal on Mathematics Education,*

38(3), 302-310.

Kaiser, G., & Brand, S. (2015). Modelling competencies: Past development and further perspectives. In G. A. Stillman, W. Blum, & M. S. Biembengut (Eds.), *Mathematical modelling in education research and practice. Cultural, social and cognitive influences* (pp. 129-149). Cham: Springer.

Kaiser, G., Blum, W., Borromeo Ferri, R., & Greefrath, G. (2015). Anwendungen und Modellieren. In R. Bruder, L. Hefendehl-Hebeker, B. Schmidt-Thieme, & H.-G. Weigand (Eds.), *Handbuch der Mathematikdidaktik* (pp. 357-383). Heidelberg: Springer.

Kaiser, G., Blum, W., Borromeo Ferri, R., & Stillman, G. (Eds.). (2011). *Trends in teaching and learning of mathematical modelling* (ICTMA 14). New York: Springer.

Kintsch, W., & Greeno, J. (1985). Understanding word arithmetic problems. *Psychological Review, 92*(1), 109-129.

Kluger, A. N., & DeNisi, A. (1996). The effects of feedback interventions on performance: A historical review, a meta-analysis, and a preliminary feedback intervention theory. *Psychological Bulletin, 119*(2), 254-284.

Kunter, M., & Baumert, J. (2011). Das COACTIV-Forschungsprogramm zur Untersuchung professioneller Kompetenz von Lehrkräften - Zusammenfassung und Diskussion. In M. Kunter, J. Baumert, W. Blum, U. Klusmann, S. Krauss, & M. Neubrand (Eds.), *Professionelle Kompetenz von Lehrkräften - Ergebnisse des Forschungsprogramms COACTIV* (pp. 345-366). Munster: Waxmann.

Leiβ, D. (2007). *Hilf mir, es selbst zu tun. Lehrerinterventionen beim mathematischen Modellieren*. Hildesheim/Berlin: Franzbecker.

Leiβ, D., & Tropper, N. (2012). *Adaptive teacher interventions in mathematics modelling*. ICME 12 conference (pp. 3311-3320). Seoul: ICME.

Lesh, R. (1987). The evolution of problem representations in the presence of powerful conceptual amplifiers. In C. Janvier (Ed.), *Problems of representation in teaching and learning mathematics* (pp. S. 33-S. 40). Hillsdale: Lawrence Erlbaum.

Lesh, R., & Doerr, H. (Eds.). (2003). *Beyond constructivism: A models and modeling perspective on mathematics problem solving, learning, and teaching*. Mahwah: Lawrence Erlbaum Associates.

Lesh, R. A., & Zawojewski, J. (2007). Problem solving and modeling. In F. Lester Jr. (Ed.), *Second handbook of research on mathematics teaching and learning* (pp. 763-804). Greenwich: Information Age.

Maaβ, K. (2006). What are modelling competencies? *ZDM - The International Journal on Mathematics Education, 38*(2), 113-142.

Maaβ, K. (2007). Modelling in class: What do we want the students to learn? In C. Haines, P. Galbraith, W. Blum, S. Khan, & Mathematical Modelling (Eds.), *Education, engineering and economics* (pp. 65–78). Chichester: Horwood Publishing.

Maaβ, K. (2010). Classification scheme for modelling tasks. *Journal für Mathematik-Didaktik, 31*, 285–311.

Maaβ, K., & Gurlitt, J. (2009). *Designing a teacher questionnaire to evaluate professional development in modelling*. Proceedings of CERME 6. Available from http://www.inrp.fr/editions/editions-electroniques/cerme6/

Maaβ, K., & Gurlitt, J. (2011). LEMA – Professional development of teachers in relation to mathematics modelling. In G. Kaiser, W. Blum, R. Borromeo Ferri, & G. Stillman (Eds.), *Trends in the teaching and learning of mathematical modelling* (pp. 629–639). New York: Springer.

Mason, J. (2002). Researching your own practice: The discipline of noticing. *Journal of Mathematics Teacher Education, 6*(1), 77–91.

Matos, J., & Carreira, S. (1997). The quest for meaning in students' mathematical modelling. In K. Houston, W. Blum, I. Huntley, & N. Neill (Eds.), *Teaching and learning mathematical modelling* (pp. 63–75). Chichester: Horwood Publishing.

Meyer, H. (2006). Standards of good instruction. In: University of Gifu Bulletin , pp. 183–194. Berlin: Cornelsen Scriptor.

Money, R., & Stephens, M. (1993). Linking applications, modelling and assessment. In J. de Lange, I. Huntley, K. Christine, & N. Mogens (Eds.), *Innovation in maths education by modelling and applications* (pp. 323–336). Chichester: Ellis Horwood.

National Governors Association Center for best Practices and Council of Chief State School Officers (NGA Center and CCSSO). (2010). *Common core state standards for mathematics*. Washington, DC: NGA Center and CCSSO.

Nesher, P., Hershkowitz, S., & Novotna, J. (2003). Situation model, text base and what else? Factors affecting problem solving. *Educational Studies in Mathematics, 52*(2), 151–176.

Niss, M. (2004). Mathematical competencies and the learning of mathematics: The Danish KOM project. In A. Gagtsis & Papastavridis (Eds.), *3rd Mediterranean conference on mathematical education* (pp. 115–124), 3–5 January 2003, Athens. Athens: The Hellenic Mathematical Society, 2003.

Niss, M., Blum, W., & Galbraith, P. (2007). Introduction. In W. Blum, P. Galbraith, H.-W. Henn, & M. Niss (Eds.), *Modelling and applications in mathematics education. The 14th ICMI study* (pp. 3–32). New York: Springer Science + Business Media, LLC.

Palm, T. (2002). The realism of mathematical schools tasks – Features and consequences. PhD Thesis. Umeå, Sweden: Umeå University.

Palm, T. (2007). Features and impact of the authenticity of applied mathematical school tasks. In W. Blum et al. (Eds.), *Applications and modelling in mathematics education; new ICMI studies series no. 10* (pp. 201–208). New York: Springer.

Papastravidis, S., Gialamas, V., Karaliopoulou, M., Klaoudatos, N., & Matrozos, D. (1999). Real problems in school mathematics. In O. Zaslavsky (Ed.), *Proceedings of the 23rd annual conference of the International Group for the Psychology of Mathematics Education* (Vol. 3, pp. 25-32). Haifa: PME.

Pollak, H. (1969). How can we teach applications of mathematics? *Educational Studies in Mathematics, 2*, 393-404.

Pollak, H. O. (1979). The interaction between mathematics and other school subjects. In UNESCO (Ed.), *New trends in mathematics teaching IV* (pp. 232-148). Paris: OECD.

Reusser, K. (2001). Co-constructivism in educational theory and practice. In N. J. Smelser, P. Baltes, & F. E. Weinert (Eds.), *International encyclopedia of the social and behavioral sciences* (pp. 2058-2062). Oxford: Pergamon/Elsevier Science.

Rosa, M., & Orey, D. C. (2013). Ethnomodelling as a methodology for ethnomathematics. In G. Stillman, G. Kaiser, W. Blum, & J. Brown (Eds.), *Teaching mathematical modelling: Connecting research and practice* (pp. 77-88). New York: Springer.

Savelsbergh, E. R., Drijvers, P. H. M., van de Giessen, C. Heck, A., Hooyman, K., Kruger, J., Michels, B., Seller, F., & Westra, R. H. V. (2008). *Modelleren en computer-modellen in de β-vakken: advies.*

Schmidt, B. (2010). Modelling in the classroom - Motives and obstacles from the teacher's perspective. In V. Durand-Guerrier, S. Soury-Lavergne, & F. Arzarello (Eds.), C*ERME-6 - Proceedings of the sixth congress of the European Society for Research in Mathematics Education*. Lyon: NRP, pp. 2066-2075.

Schoenfeld, A. H. (1989). Explorations of students' mathematical beliefs and behavior. *Journal for Research in Mathematics Education, 20*(4), 338-355.

Schoenfeld, A. H. (1994). *Mathematical thinking and problem solving*. Hillsdale: Erlbaum.

Schorr, R., & Lesh, R. (2003). A modelling approach for providing teacher development. In R. Lesh & H. Doerr (Eds.), *Beyond constructivismen - Models and modeling perspectives on mathematics problem solving, learnıng and teachıng* (pp. 141-157). Mahwah: Erlbaum.

Schukajlow, S., & Krug, A. (2014). Do multiple solutions matter? Prompting multiple solutions, interest, competence, and autonomy. *Journal for Research in Mathematics Education, 45*(4), 497-533.

Schwarz, B., & Kaiser, G. (2007). Mathematical modelling in school - Experiences from a project integrating school and university. In D. Pitta-Pantazi & G. Philippou (Eds.), *CERME 5 - Proceedings of the fourth congress of the European Society for Research in mathematics education* (pp. 2180-2189).

Schukajlow, S., Blum, W., Messner, R., Pekrun, R., Leiβ, D., & Muller, M. (2009). Unterrichtsformen,erlebte Selbstandigkeit, Emotionen und Anstrengungen als Prädiktoren von Schulerleistungen bei anspruchsvollen mathematischen Modellierungsaufgaben.

Unterrichtswissenschaft, 37(2), 164-185.

Sherin, M., Jacobs, V., & Philipp, R. (Eds.). (2011). *Mathematics teacher noticing: Seeing through teachers' eyes*. New York: Routledge.

Skemp, R. (1987). *The psychology of learning mathematics*. Hillsdale: Erlbaum.

Sonar, T. (2001). Angewandte Mathematik, Modellbildung und Informatik. Wiesbaden: Vieweg.

Sriraman, B., Kaiser, G., & Blomhoj, M. (Eds.). (2006). Modelling perspectives from around the world. *ZDM-The International Journal on Mathematics Education, 38*(2), 82-85.

Star, J. R., & Strickland, S. K. (2008). Learning to observe: Using video to improve preservice mathematics teachers' ability to notice. *Journal of Mathematics Teacher Education, 11*, 107-125.

Stender, P. (2016). *Wirkungsvolle Lehrerinterventionsformen bei komplexen Modellierungsaufgaben*. Wiesbaden: Springer Spektrum.

Sternberg, R. (1997). *Thinking styles*. New York: Cambridge University Press.

Stillman, G. (1998). Engagement with task context of application tasks: Student performance and teacher beliefs. *Nordic Studies in Mathematics Education, 6*(3/4), 51-70.

Stillman, G. (2000). Impact of prior knowledge of task context on approaches to application tasks. *Journal of Mathematical Behavior, 19*(1), 333-361.

Stillman, G. (2011). Applying metacognitive knowledge and strategies in applications and modelling tasks at secondary school. In G. Kaiser, W. Blum, R. Borromeo Ferri, & G. Stillman (Eds.), *Trends in teaching and learning of mathematical modelling* (pp. 165-180). New York: Springer.

Strauss, A. L., & Corbin, J. (1990). *Basics of qualitative research*. London: Sage.

Sweer, J. (1938). The path of a ray of light tangent to the surface of the earth. *Journal of the Optical Society of America, 28*, 327-329.

Timperley, H. S. (2011). *Realizing the power of professional learning*. London: Open University Press.

Treilibs, V. (1979). Formulation processes in mathematical modelling. Nottingham, University of Nottingham, Philosophy, Masterarbeit.

Treilibs, V., Burkhardt, H., & Low, B. (1980). *Formulation processes in mathematical modelling*. Nottingham: Shell Centre for Mathematical Education, University of Nottingham.

van de Pol, J., Volman, M., Oort, F., & Beishuizen, J. (2013). Teacher scaffolding in small-group work: An intervention study. *Journal of the Learning Sciences, 23*, 1-51.

Verschaffel, L., Greer, B., & De Corte, E. (2000). Making sense of word problems. Lisse: Swets & Zeitlinger.

Vos, P. (2005). Assessment of mathematics in a laboratory-like environment: The importance of replications. In: Bosch, M. (Hrsg.): *Proceedings of the 4 Congress of the European Society for Research in Mathematics Education. FUNDEMI IQS*, pp. 1696-1705.

Vos, P. (2011). What is 'authentic' in the teaching and learning of mathematical modelling? In G. Kaiser, W. Blum, R. Borromeo Ferri, & G. Stillman (Eds.), *Trends in the teaching and learning of mathematical modelling* (pp. 713-722). New York: Springer.

Weber, M. (1973). Gesammelte Aufsätze zur Wissenschaftslehre. 4. Auflage. Tübingen: Mohr.

Williams, J., Roth, W.-M., Swanson, D., Doig, B., Groves, S., Omuvwie, M., Borromeo Ferri, R., & Mousoulides, N. (2016). *Interdisciplinary mathematics education. A state of the art*. New York: Springer.

Zech, F. (1998). Grundkurs Mathematikdidaktik. *Theoretische und praktische Anleitungen für das Lehren und Lernen von Mathematik*. Weinheim/Basel: Beltz.

찾아보기

(ㄱ)

가시적인 모델링 경로 42
간접 조언 115
개별 모델링 경로 42, 46, 50, 85
개인과 모둠의 책무성 9, 11
개입 3, 15
개입의 목표 115, 118
개입의 수준 114
개입의 유발자 115
검증 1, 6, 24, 25, 28, 37, 38, 40, 69, 71
결과 중심 진단 135, 136
과정 기반 교수법 40, 41
과정 중심 진단 135, 136, 137
과제 관련 역량 7
교수 역량 2, 5, 7
교수학적 내용 지식 4, 5, 143
교수학적 이중 구조 6, 8, 17
교수학적 지식 3
교수학적/교육학적 모델링 사이클 30, 32
교육적 모델링 27, 28
교차선 128, 129
근거이론 방법론 81
긍정적인 상호 의존 9, 10
기본 모둠 9, 11, 12
기술적 글쓰기 165, 167
기술적 반성 165

(ㄴ)

내용 지식 3, 4, 5, 120

(ㄷ)

다중 계층 전문성 개발 3, 4
대면 상호 작용 9, 10
대인 및 소모둠 기술과 모둠 처리 9
대학 비용 모델링 64, 65
도움 카드 105, 106, 107, 113
등대 137
등대 과제 13, 148
디지털 도구를 포함한 모델링 사이클 132

(ㄹ)

라운드 로빈 브레인스토밍 13, 14

(ㅁ)

메타인지 활성화 102
모델 유도 활동 2
모델 유도 활동 접근법 27, 29
모델링 문제의 개발 64
모델링 문제의 기준 62, 64, 74, 157
모델링 문제의 잠재성 77
모델링 문제의 특징 56, 58, 73
모델링 사이클 6, 7, 11
모델링 역량 3, 4, 6, 15, 25, 28, 38, 85, 86, 87, 88, 92, 103, 136, 144, 172
모델링 주간 154
모델링 평가 144
모델링의 날 4, 27, 154, 155, 157, 158, 163, 167, 175
무언의 글쓰기 대화 15
문답식 반성 165
문제 이해 71

(ㅂ)

바다의 맑은 날 58
반성 105, 167
반성 수준 164, 167
반성적 역량 164, 165, 168
반성적 형식자 51
분석적 사고 양식 48, 50
분석적 사고자 46, 48, 49, 52
브레인스토밍 15, 41, 64, 70
비계 135
비선형성 42
비판적 반성 137, 165, 167

(ㅅ)

사회 비판적 모델링 27, 28, 29
3단계 협력 구조 13
상황 모델 33, 34, 35
상황에 대한 정신적 표상 22, 44, 46, 60

성 마이클 교회 문제 70
수업 관리 101
수치 모델링 사이클 131
수학 기반 유형 98
수학 외적 지식 23, 43, 46, 71, 76
수학적 결과 24, 32, 44, 71, 79, 90, 102, 132, 174
수학적 모델 24, 28, 71, 78
수학적 모델 속에서 수학적 문제를 해결하기 위한 역량 87
수학적 모델링 2, 4, 6, 8, 13, 20, 21, 25, 27, 37, 57, 88, 101, 103, 134
수학적 모델링 역량 58
수학적 모델링 지도법 5
(수학적 모델링 지도의) 네 가지 정당성 25
수학적 모델링 코스 5
수학적 사고 양식 47
수학적 활동 28, 78
시각적 사고 양식 48
시각적 사고자 48, 49
실제 결과 24, 71
실제 맥락 29, 93
실제 모델 23, 28, 71
실제 모델로부터 수학적 모델을 세우기 위한 역량 86

실제 문제를 이해하고 현실에 기초한
모델을 세우기 위한 역량 86
실제 상황 22, 71
실제 상황에서 수학적 결과를
해석하기 위한 역량 87
실제적 검증자 51, 52
심리학적 모델링 사이클 30, 33

(ㅇ)

안내 원리 6
안쪽-바깥쪽-원 15
알아차림 112
양면적 유형 97
역량 모델 7, 14
연료주입 89
예시 기반 교수법 40, 41
원자론적 접근법 92
응용 수학으로부터의 모델링 사이클 12, 30
의도적인 비개입 115
이론 기반 교수법 40
이론 기반 반성 167
이론-실제-균형 6
이론적 역량 7
이사 108
인식론적 또는 이론적 모델링 27
인식론적 모델링 28
인지 활성화 6, 101, 102
인지적 관점의 수학적 모델링 사이클 21
인지적 모델링과 정의적 모델링 27

(ㅈ)

자기 주도 학습 15
자의적 개입 118
전망적 반성 167
전문가 모둠 12
전체론적 접근법 92
정당화된 반성 167
정보 과다 122
정보 부족 122
정신적 표상 22
좋은 수업 100
지원의 분류 체계 107
지필 해법 142
직소 12
직접 조언 115
진단 115
진단 모델링 사이클 12, 21
진단 모델링 사이클/인지적 관점으로부터의
모델링 사이클 30, 34
진단 역량 7
짚더미 21
짚더미 문제 21

(ㅊ)

총괄평가 6
최소한의 도움 113, 118
최적의 버스 노선 문제 158

(ㅋ)

카누 타기 문제 145
크리스마스 트리 문제 150

(ㅌ)

통합된 사고 양식 48
통합적 사고자 43, 49
통합적 유형 98

(ㅍ)

페르미 문제 125
페르미 질문 125
평가 스킴 150, 152, 175
평가/피드백 115
프린터 문항 90
플레이스 매트 9
피드백 104, 118

(ㅎ)

학급 파티 77
학습 일지 136
학습자 중심 수업 관리 101
함부르크 항 59
해법을 검증하기 위한 역량 87
해석 24, 37
현실 기반 유형 98
현실과 수학 사이를 오가는 변환 20
현실적 또는 응용 모델링 27
협력 학습 8
형식적-실제적 51
혼자 생각하기-짝 활동-공유하기 12

(기타)

CCSSM 36
Co^2 CA 연구 143
COACTIV 연구 4
CoCA 프로젝트 3
COM^2 프로젝트 42
DISUM 프로젝트 3, 38
GAIMME 보고서 26
Lesh 2, 29
MultiMa 프로젝트 103
PISA 연구 4
Pollak의 모델링 사이클 31
TEDS 연구 5

Learning How to Teach **Mathematical** Modeling in School and Teacher Education

수학적 모델링, 어떻게 가르칠까?

지은이 리타 보로메오 페리
옮긴이 장혜원 · 김은혜 · 최혜령 · 강윤지
펴낸이 조경희
펴낸곳 경문사
펴낸날 2020년 7월 30일 1판 1쇄
등 록 1979년 11월 9일 제1979-000023호

주 소 04057, 서울특별시 마포구 와우산로 174
전 화 (02)332-2004 팩스 (02)336-5193
이메일 kyungmoon@kyungmoon.com
facebook facebook.com/kyungmoonsa

값 18,000원

ISBN 979-11-6073-359-4